STATISTIQUE COMPARÉE

[illegible]

DES ASSURANCES

PAR L'ÉTAT

PAR

AUGUSTE DURAND DU BOUCHERON.

PARIS

IMPRIMERIE ET LITHOGRAPHIE RENOU ET MAULDE

RUE DE RIVOLI, 144.

1857

STATISTIQUE COMPARÉE

AU POINT DE VUE

DES ASSURANCES

PAR L'ÉTAT

STATISTIQUE COMPARÉE

AU POINT DE VUE

DES ASSURANCES

PAR L'ÉTAT

PAR

AUGUSTE DURAND DU BOUCHERON.

PARIS

IMPRIMERIE ET LITHOGRAPHIE RENOU ET MAULDE

RUE DE RIVOLI, 144.

—

1857

CHAPITRE PREMIER

Justification de mes Travaux statistiques.

J'aurais voulu ne pas avoir à parler de moi et pourtant je me vois forcé de le faire dans ce premier chapitre ; j'en demande pardon au lecteur.

Avant l'année 1842 peu de personnes avaient arrêté leur pensée sur les effets de la grêle. (Je commence par parler de ce fléau, parce que c'est le plus inconnu et le plus important, et que je l'ai étudié plus spécialement ; il résume à lui seul la moitié des pertes.) On croyait généralement que la formation des nuées de grêle, et leur marche dans les régions atmosphériques ne suivaient aucune loi régulière, que la nuée marchait à l'aveugle, et que la grêle tombait au hasard.

C'était un billet à la loterie, me disaient plusieurs sommités du Conseil d'État, et certainement beaucoup de personnes le croient encore.

Quel est celui d'entre vous, lecteurs, qui, ayant habité la campagne, n'a pas entendu dire, s'il ne l'a remarqué lui-même, que telle commune ou tel canton de son voisinage était plus souvent ravagé par la grêle que telles ou telles autres qui leur étaient limitrophes?

J'ai fait cette remarque, tout comme vous; mais ayant probablement plus de temps disponible, j'ai eu le premier l'idée de remonter aux causes et de rechercher pourquoi la grêle passait plutôt ici que là. Je ne fus pas longtemps à m'apercevoir que lorsque la nuée était poussée du sud au nord, elle ravageait toujours les mêmes localités, et cela sans jamais se détourner; mais que lorsqu'elle était poussée de l'ouest à l'est, par exemple, elle prenait une autre route, et que, malgré qu'elle dût, dans cette nouvelle direction, passer sur les localités de sa ligne du sud, elle les évitait pour aller ravager d'autres contrées qui ne l'avaient pas été depuis longtemps.

Ce fait, variant à chaque direction nouvelle de la nuée, fut pour moi un trait de lumière; elle m'amena à découvrir que cette nuée, lancée à toute vitesse par les courants électriques, lorsqu'elle était en plaine, s'arrêtait en présence des obstacles qu'elle rencontrait, tourbillonnait, revenait sur ses pas, obliquait à droite ou à gauche, changeait de direction; enfin, que cette même nuée, partie du sud pour aller au nord, au lieu de passer sur toutes les contrées qu'elle eût ravagé en suivant cette même direction, se détournait et arrivait sur celle-ci de l'est à l'ouest, sur celle-là de l'ouest à l'est, sur d'autres même du nord au sud, pour repartir de nouveau du sud au nord chaque fois qu'une plaine laissait devant elle le passage libre.

Je livre ces observations à la science ; mais pour moi j'en ai tiré la conclusion : que ce n'était pas aux révolutions atmosphériques qu'il fallait attribuer ce phénomène, mais seulement aux influences terrestres.

En plaine, la nuée ne change pas de direction. Dans les terrains accidentés, au contraire, elle en change continuellement.

J'écrivais au Conseil d'État, le 8 novembre 1845, dans une note explicative imprimée à Limoges :

« J'admets que le fluide électrique puisse
« se trouver, dans l'état ordinaire des choses,
« également réparti dans les régions atmos-
« phériques, au-dessus de chaque départe-
« ment....

« Mais je ne crains pas d'avancer que

« l'électricité et ses combinaisons, que la « grêle, dans ses effets, sont entièrement « soumises aux influences directes et immé- « diates des accidents topographiques d'un « département, d'un canton, et même d'une « commune.

« La nuée, dans la région qu'elle occupe, « est dans un équilibre parfait d'oscillation ; « elle est donc, dans cet état, susceptible « d'obéir au moindre souffle et, par consé- « quent, de suivre toutes les directions que « prendra l'air des régions inférieures sur « lequel elle est supportée.... Je crois donc « pouvoir l'assimiler, pour la légèreté, à « une plume dans l'air, à un navire sur « l'onde.

« De même qu'une plume, enlevée et pous- « sée par le vent, suivra toutes les directions « que prendra ce vent, après s'être heurté à « une muraille, à un arbre, à un corps quel- « conque qu'il longera dans toute sa lon-

« gueur et dans toutes ses sinuosités, ou qu'il « contournera en raison de l'obstacle ren- « contré ; de même la nuée chargée de grêle, « docile aux caprices du vent, suivra aussi la « direction que le vent prendra après s'être « heurté à une chaîne de montagnes ou à une « forêt, contournera l'obstacle, ou le longera « dans tout son développement, pour re- « prendre ensuite, partant d'un nouveau « point, une impulsion parallèle, mais sou- « vent très-éloignée de son point de départ, « si toutefois les causes des courants électri- « ques sont les mêmes vers ce nouveau « point.

« Or, il est évident que le même vent heur- « tera toujours les mêmes obstacles, et tou- « jours au même point, lorsqu'il arrivera à « eux dans la même direction ; ainsi, le vent « du sud, heurtant toujours de la même ma- « nière les mêmes obstacles, occasionnera « sur la nuée la même révolution, et l'en-

« verra toujours passer sur les mêmes con-
« trées.

« Le vent du sud-ouest, heurtant des ob-
« stacles nouveaux, ou bien les mêmes obsta-
« cles, mais sur des faces différentes, don-
« nera à la nuée une direction nouvelle pro-
« duite par ces nouvelles influences, et fera
« ravager des communes qui ne l'auraient
« jamais été avec des vents du sud, mais qui
« le seront toujours avec ceux du sud-
« ouest.

« Les vents du sud-est et de l'ouest au-
« ront aussi leurs victimes spéciales. Mais
« tout le monde sait que les orages sont
« presque toujours poussés par des vents du
« sud et du sud-ouest. De là je conclus que
« les communes exposées à ces deux vents
« ou aux vents intermédiaires sont les plus
« souvent ravagées.

« Rarement l'orage est chassé par des
« vents de l'est, du sud-est ou du nord ; mais

« ces cas, quoique rares, peuvent se présen-
« ter ; alors s'explique comment une com-
« mune, préservée depuis un grand nombre
« d'années, se trouve parfois ravagée à son
« tour. »

Du moment qu'il m'a été prouvé que les accidents de terrain étaient une des causes :

1° De l'agglomération de l'électricité au-dessus d'une contrée ;

2° De la direction de la nuée,

Il ne s'agissait plus pour moi que de connaître quelles étaient les contrées exposées, dans quelles proportions elles l'étaient, et quelles étaient celles préservées. Je me suis mis à l'œuvre, et, en ingénieur en chef, j'ai ouvert le tracé des passages de la grêle sur toutes les communes, en indiquant la fréquence de chacun de ces passages ; en voici les bases :

Ici, je laisse parler M. Victor Masson, maître des requêtes, s'adressant au Conseil d'État en **1847**, dans sa brochure imprimée pour ce conseil, intitulée : *Des Assurances* CONTRE LA GRÊLE, *ou Recherche des empêchements qui circonscrivent pour l'agriculture le bienfait de ces assurances :*

« Peut-être aurais-je dû faire connaître plus « tôt l'incident qui a donné ouverture à cette « polémique obstinée. Le fondateur (Du Bou- « cheron) d'une nouvelle société dite l'Union « générale, eut *le premier l'idée* de faire « sortir de l'impasse signalée plus haut nos « assurances contre la grêle, en ajoutant au « risque de nature le risque de situation. Il « cherche d'abord les indices de ce dernier « risque dans des calculs de probabilités ; « mais ses efforts n'ayant abouti qu'à des « demi-résultats, il eut le courage d'entre- « prendre cette exploration *des faits anté-* « *rieurs* dont il a déjà été dit quelques « mots. Ce fut une grande œuvre que ce « travail....

« Toutes les fois que la grêle sévit sur « quelques points du royaume, le gouverne- « ment en est informé, parce que les culti- « vateurs atteints demandent à avoir part « aux secours (hélas ! bien mesquins) que « permet de leur distribuer le produit du « centime additionnel aux contributions di- « rectes (environ 2 millions), que la loi de « 1819 affecte à cet objet spécial. C'est le mi- « nistre de l'agriculture et du commerce qui « est chargé de la distribution ; d'où l'on « peut conclure que ses archives sont encom- « brées de pétitions qui, depuis nombre d'an- « nées, ont pu être adressées au gouverne- « ment par toutes les localités de la France « qui ont été atteintes par la grêle. C'était là, « pour une société d'assurances, un précieux « amas de documents, s'il pouvait lui être « permis de l'explorer. Le ministre y mit « une louable condescendance, et cette par- « tie des archives fut ouverte à M. Du Bou-

« cheron. Il y puisa un immense répertoire « de faits à l'aide desquels il put composer « son relevé général des risques de grêle. Ce « travail se compose de 86 tableaux, dont « chacun indique *le nombre de fois* que cha- « que commune d'un département a été grê- « lée, car la commune est le dernier terme « de sa division ; il eût été impossible de des- « cendre plus bas. »

Mon travail fait ressortir de frappantes inégalités de danger, souvent même entre deux communes limitrophes.

Voici ce que j'écrivais encore, le 8 novembre 1845, au Conseil d'État :

« Pendant dix-sept années consécutives « (mon travail a été continué depuis cette « époque), on a signalé 1,668 événements de « grêle sur les 591 communes de la Dordo- « gne $\frac{1668}{591}$, et 1,886 sur les 523 communes « du Gers $\frac{1886}{523}$;..... tandis qu'il n'y a eu que « 10 événements sur les 376 communes des

« Côtes-du-Nord $\frac{10}{376}$, et 2 seulement dans les « 282 communes du Finistère $\frac{2}{282}$.

« Dans le département du Tarn, canton « de Valence, la commune de Dourn a été « frappée 7 fois en 17 années, et celle de « Padiez-Roumégoux 11 fois ; tandis que « 7 autres communes du même canton n'ont « jamais été atteintes.

« Dans le canton de Gabarret, département « des Landes, la commune de Parleboscq a « été onze fois ravagée, tandis que celles « d'Estigarde et de Losse, situées dans le « même canton, ont constamment été épar- « gnées.

« Dans le même département, le canton « d'Amont a éprouvé 63 événements de grêle « sur les dix-sept communes qui le compo- « sent $\frac{63}{17}$, tandis qu'on n'a signalé qu'un seul « événement dans chacun des deux cantons « de Mimizan et de Parenties, et que les can- « tons de Castets et de Saint-Esprit n'ont ja-

« mais été frappés pendant ce même laps « d'années.

« Enfin, et pour dernière citation, dans les « Basses-Pyrénées, canton de Pau (ouest), la « commune de Gan a été grêlée treize fois, « celle de Bosdarros huit fois, et celle de Saint-« Faust dix fois. Eh bien ! à côté de ces mal-« heureuses communes, quatre autres du « même canton, celles de Lezons, Mazères, « Narcastet et Uzos n'ont été frappées qu'une « seule fois chacune pendant ces mêmes dix-« sept années.

« Mon immense travail statistique fournit « mille exemples de ce genre.

« D'où on doit conclure qu'il est impos-« sible d'admettre que la grêle, dans ses « effets, suive les lois du hasard. »

Ce fut d'abord dans des vues purement scientifiques que j'entrepris, en 1842, l'exploration de tous les faits antérieurs de grêle pour faire la carte routière de ce fléau sur

2

les diverses communes de la France, puis je fondai l'Union générale, société d'assurances mutuelles contre la grêle.

Mais dès que j'eus rapproché mes relevés des seize premières années de mon travail, je fus tellement frappé des résultats obtenus, que je conçus la possibilité *d'une assurance mutuelle facultative dirigée par l'État.*

Dans ce but, dès le 23 février 1844, je fis au ministre de l'agriculture et du commerce l'offre de mon travail et de mes statuts, qui, avec de légères modifications, pouvaient servir de base à une institution nationale.

Je m'exprimais en ces termes :

« Paris, 20 février 1844.

« Monsieur le ministre,

« Lorsque vous avez eu la bonté de nous « communiquer les pièces officielles qui con-

« statent la périodicité, pour toute la France, « des désastres causés par la grêle, un doute « grave s'élevait sur la possibilité d'une classification rigoureuse, où chaque localité « occuperait sur l'échelle des risques le degré qui lui appartient. Aujourd'hui ce « doute n'est plus possible, mes recherches « ont mis à l'abri de toutes constestations « cette vérité depuis longtemps défendue « par nous, qu'une société mutuelle contre « les risques de la grêle est praticable, mais « qu'elle ne peut être efficace qu'à la condition d'opérer sur tout le territoire français.

« Nous avons en mains tous les renseignements et toutes les justifications qui nous « ont été demandés par vous.

« Mais plus nous avons acquis de lumière « sur cette matière, plus il nous a semblé que « l'institution fondée par nous est d'une nécessité urgente à l'agriculture et mérite « toute l'attention de l'administration.

« Les propriétaires qui se sont réunis pour « fonder l'Union générale n'ont d'autre pen- « sée que de favoriser en France le dévelop- « pement de la richesse agricole. Aujour- « d'hui, forts de leur institution, encouragés « par l'assentiment de MM. les préfets et « par les résultats obtenus, et enfin convain- « cus que c'est le plus sûr moyen de hâter le « progrès de leur œuvre, ils demandent plus « que votre approbation. Ils viennent, M. le « ministre, proposer à Votre Excellence de « l'honorer de votre patronage en en prenant « la haute direction, et de lui donner dès à « présent le caractère d'une institution pu- « blique.

« Ils n'hésitent donc pas, dans l'intérêt de « la prospérité générale, à renoncer aux « avantages que l'avenir peut-être leur ré- « servait.

« Nous espérons, M. le ministre, que cette « proposition est de nature à être accueillie

« par vous ; s'il en est ainsi, nous aurons
« l'honneur de soumettre à Votre Excellence
« les nouveaux statuts de notre Société, afin
« qu'elle puisse en ordonner l'examen pro-
« visoire et s'assurer qu'ils sont dignes de la
« faveur que nous sollicitons.

« Cependant, Monsieur le ministre, en
« abandonnant l'exploitation industrielle de
« leur Société, en lui donnant l'importance
« d'une institution publique, et par consé-
« quent improductive pour eux, les fonda-
« teurs ne se dissimulent pas qu'ils ont besoin
« de solliciter de l'administration publique
« un appui efficace et matériel pour les pre-
« miers frais de constitution..... »

Enfin, je demande que l'État emploie, à titre d'avances, pour la fondation de cette institution qui cesserait d'être une institution spéculative, une fraction des fonds affectés à être distribués chaque année aux sinistres de la grêle, disant en résumé que cette portion employée par nous des fonds de secours serait ainsi plus lucrativement utilisée par l'agriculture qu'à être employée à fournir aux malheureuses victimes du fléau 3 ou 4 p. 0/0 du prix des récoltes ravagées.

Le 24 juillet 1846, je renouvelais au même ministre mon offre d'assurances sous la direction de l'État ; je lui disais :

« Paris, 24 juillet 1846.

« Monsieur le ministre,

« Il y a quatre années environ, j'eus l'hon-
« neur de vous être présenté par M. Saint-
« Marc Girardin, député.

« Je venais alors vous demander une fa-
« veur toute spéciale, celle de faire, dans
« les archives de l'État, des recherches sta-
« tistiques sur les événements de grêle. Votre
« bienveillance ne me fit pas défaut ; vous

« m'autorisâtes à faire ces recherches, et je « fus installé au ministère près du cabinet « de M. Langlois (alors chef de la division « des secours).

« Pendant deux ans, je travaillai à réunir « de nombreux documents épars; je les étu- « diai et, pour prix de mes veilles, je me « trouvai en possession d'un travail statisti- « que qui commençait la réalisation du rêve « de toute ma vie.

« Je suis assez grand propriétaire, et, « comme tel, j'ai été le fondateur du comice « agricole de mon canton. Chaque année « j'entendais de nouvelles plaintes de mes « fermiers et des cultivateurs que le fléau de « la grêle ruinait; en vain avaient-ils recours « au gouvernement ou aux Sociétés d'assu- « rances contre la grêle; les secours de l'État « n'étaient pour leurs pertes qu'un dédom- « magement illusoire, ou ce qu'ils recevaient « des Sociétés mutuelles se réduisait pres-

« que toujours à des indemnités incom-
« plètes.

« Je me demandai s'il était vraiment im-
« possible de venir au secours de nos popu-
« lations agricoles, et j'employai, dans cette
« pensée, plusieurs années de ma vie à étu-
« dier le fléau de la grêle.

« Bientôt un fait singulier me fut révélé :
« je m'aperçus, par les comptes-rendus des
« diverses sociétés d'assurances contre la
« grêle, que dans les années où les *Sociétés*
« *du Midi* étaient écrasées et ne pouvaient
« donner à leurs assurés que des indemnités
« de 15 à 20 p. 0/0, les *Sociétés du Nord*
« indemnisaient intégralement et étaient en-
« core en bénéfice ; réciproquement, je
« constatai que dans les années où le *Nord*
« était fortement frappé, les *Sociétés du*
« *Midi* se trouvaient avoir à leur tour un
« excédant de ressources. Enfin, en 1839,
« où les pertes ont été le plus considérables,

« je m'assurai que si toutes les sociétés « avaient mis en commun leurs ressources « respectives elles auraient pu donner à « leurs assurés un remboursement intégral.

« Je fis part de mes observations à plu- « sieurs membres des Conseils généraux et « à des agronomes éminents; ils me dirent « que s'il était possible d'organiser une So- « ciété assez étendue pour réunir le *Nord* « avec le *Midi*, et ainsi contre-balancer les « uns par les autres les risques différents, « le problème de l'indemnisation intégrale « des pertes serait résolu.

« Mais là se présentait une grande diffi- « culté : dans quelle proportion les diffé- « rentes contrées de la France devaient-elles « concourir au payement des sinistres ? Il « eût été injuste que les communes rarement « grêlées payassent une somme égale à celle « que la grêle frappe chaque année. (La « commune de Gan, département des Basses-

« Pyrénées, a été grêlée quatorze fois en « dix-sept ans.)

« Votre protection éclairée, Monsieur le « ministre, en m'ouvrant les archives de vo- « tre département, aplanit cette difficulté... « Je pus faire un relevé exact du nombre de « fois que chaque commune de France a été « grêlée, et, par ce travail, établir d'une « manière impartiale la cotisation que cha- « que commune doit apporter au fonds com- « mun d'après la loi des probabilités.

« *Alors, Monsieur le ministre, je vous de- « mandai une autre audience, et, vous faisant « hommage de ce travail entrepris sous vos « auspices, j'offris d'en faire l'abandon au « gouvernement s'il voulait organiser lui-même « une vaste mutualité d'assurances contre la « grêle pour tout le royaume.* Vous me fîtes « l'honneur de me répondre, ainsi qu'à « M. Saint-Marc Girardin, qui était présent, « que le gouvernement ne jugeait pas encore

« à propos de se charger des assurances et « que cette partie était laissée aux parti- « culiers. »

Après que le gouvernement m'eut répondu qu'il ne voulait pas prendre l'initiative de ces sortes d'assurances, je dus attendre des temps meilleurs pour tâcher de faire adopter par l'État la direction d'une vaste assurance mutuelle, le seul mode que je crois pouvoir être appliqué par lui sans inconvénients politiques et financiers.

Néanmoins je ne m'en tins pas là ; en 1847, je publiais sous le pseudonyme du journal *le Cultivateur*, tout un plan de projet d'assurances agricoles. (Voir l'appendice du n° de mars 1847), sous le titre : *Des Assurances Agricoles dans leurs rapports avec le Crédit Foncier*.

Le plan des assurances que je proposais alors ressemble, à bien peu de chose près, à ce qui se prépare aujourd'hui.

Et de plus :

Le 19 décembre 1851, croyant l'occasion venue, je fis une offre semblable à S. M. l'empereur, alors président de la République.

Mais les préoccupations politiques de l'époque firent que mon offre ne fut probablement pas mise sous ses yeux, car je ne reçus pas de réponse, et cependant tout le monde sait la sollicitude de S. M. pour l'agriculture et son aptitude à apprécier les grandes questions sociales et agricoles.

Il n'était probablement donné qu'à l'année 1857 seule de voir la consécration du rêve de ma vie entière. Et, à ce sujet, que M. Perron, chef de section au ministère d'État, me permette de rendre ici hommage aux efforts qu'il fait pour obtenir du gouvernement de l'Empereur la création des assurances par l'État.

Honneur soit rendu à l'homme qui, arrivé au pouvoir, sait encore conserver assez de patriotisme pour consacrer ses veilles au bien-être de nos populations agricoles !

Honneur aussi au gouvernement qui sait comprendre les besoins du pays et vaincre avec énergie les difficultés lorsqu'il s'agit du bien général !

C'est pour faciliter la fondation de cette institution que je viens offrir mon concours dévoué et *ma longue expérience* THÉORIQUE et PRATIQUE sur cette matière en publiant cette brochure.

CHAPITRE DEUXIÈME [1]

Des Assurances par l'État.

Les fléaux qui sévissent chaque année sur une partie considérable de notre territoire, ont rendu tous les esprits sérieux et amis du bien public, plus attentifs aux misères de l'agriculture et aux souffrances des classes agricoles. Depuis plusieurs années déjà, les propriétaires fonciers qui souffrent de cet état de choses, ainsi que les administrateurs et les économistes, réunissent leurs efforts pour

(1) Ce chapitre est extrait en grande partie d'un article intitulé : DES ASSURANCES AGRICOLES *dans leurs rapports avec le Crédit foncier*, que j'avais fait publier en 1847 sous le pseudonyme du *Cultivateur*. (Voir l'appendice du numéro de mars 1847 de ce journal.)

chercher des moyens efficaces de conjurer cet abandon funeste, cet isolement fatal, cette absence de protection sérieuse sous lesquels gémit l'agriculture, et qui, laissant chaque laboureur réduit à ses propres ressources, le livrent sans défense à tous les fléaux. On se demande involontairement, quand on voit les populations épouvantées fuir devant l'incendie ou l'inondation, quand on voit la nature elle-même anéantir les produits dont le sol est chargé, et tarir quelquefois pour longtemps sa fécondité, on se demande ce que c'est donc que cette civilisation, qui avait promis de diriger les forces de la nature, et qui ne peut ni prévenir ni réparer de semblables désordres.

Le mal est sérieux et mérite qu'on y cherche un prompt remède. L'agriculture, dans beaucoup de départements, soutient contre les éléments une lutte inégale; son état est précaire, ses progrès sont impossibles; la propriété territoriale, si estimée jadis, comme base du crédit hypothécaire, voit la propriété industrielle attirer vers elle les capitaux, par plus de sécurité et de plus grands bénéfices.

Les préfets, les conseils généraux, les sociétés d'agriculture, les comices réclament, à l'envi, la consolidation, ou plutôt la création du *crédit agricole;* or ce crédit ne peut être fondé qu'à la condition de donner au capitaliste des garanties assez complètes pour qu'il confie volontiers ses fonds au cultivateur sans craindre la perte du capital qu'il a engagé.

C'est donc *le revenu agricole* qu'il faut défendre et protéger contre les causes de destruction qui le menacent de toutes parts ; il faut garantir sa reproduction périodique et régulière, pour en former comme le second gage des prêteurs ; or, ce but nouveau ne peut être atteint que par les *assurances agricoles par l'État.*

Tous les bons esprits aujourd'hui comprennent cette vérité et en réclament l'application; tous demandent qu'il soit formé chaque année, au profit de l'agriculture, un vaste fonds de réserve destiné à indemniser les cultivateurs, et tous ceux qui vivent du revenu foncier, des pertes auxquelles ils sont exposés chaque année par la funeste alternative des fléaux inattendus, tels que les inondations, la gelée, la grêle, la coulure des vignes, les trombes, les ouragans, l'épizootie, etc., fléaux contre lesquels aucune prudence humaine ne peut prévaloir.

Donner à tous les cultivateurs et propriétaires fonciers la certitude de recueillir, *quand même,* le fruit de leur travail, ou de conserver l'objet de leur richesse ; mettre, en un mot, leur revenu à l'abri des éventualités qu'on vient d'énumérer, tels seraient les effets salutaires *d'un système complet d'assurances agricoles.* La prospérité de l'agriculture en serait une suite immédiate, et cette prospérité amènerait bientôt, avec la confiance des capitalistes, l'abaissement progressif du taux des intérêts, en d'autres termes, la naissance du crédit agricole, objet de tant de vœux, si peu exaucés jusqu'ici.

L'État seul peut combler cette lacune et réaliser ces résultats en prenant l'initiative de la création des assurances agricoles contre les fléaux de la nature.

Mais l'importance de ces assurances et l'influence qu'elles doivent avoir sur la prospérité générale ont amené plusieurs économistes à ranger les fléaux qu'elles ont pour but de conjurer, dans la classe des calamités publiques, et de là ils ont été conduits à poser ce principe : Que la nation tout entière devait concourir à la réparation des dommages dont quelques-uns de ses membres étaient victimes.

Sans doute cette idée est grande et généreuse ; mais, ainsi que nous le verrons plus loin, les conséquences qu'entraînerait son application sont entièrement inadmissibles. Il ne suffit pas qu'une institution soit dictée par un principe de générosité, il faut encore qu'elle repose sur la justice, sinon les avantages qu'elle procurerait aux uns seraient pour d'autres une charge trop lourde. Il faut, disons-nous, qu'une institution pareille soit souverainement juste, et dans son principe et dans ses applications individuelles.

Ainsi, le principe qui doit dominer dans la question qui nous occupe, c'est la justice la plus absolue ; car c'est seulement avec ce principe que l'on pourra créer une institution durable.

Pour satisfaire ce besoin de protection si urgent de la propriété agricole, beaucoup d'hommes éclairés, la plupart membres des comices agricoles, des sociétés d'agriculture ou des conseils généraux des départements, ont, à plusieurs reprises, émis le vœu que l'État prît l'administration de ce genre de fonds de réserve si nécessaire à l'agriculture pour réparer les désastres auxquels elle est exposée chaque année. Ils se persuadent que le gouvernement pourrait seul gérer avec désintéressement, et avec efficacité pour tous, cette vaste mutualité de garanties, en ne percevant sur chaque assuré que des cotisations beaucoup plus faibles que celles qui leur sont demandées dans les associations partielles.

Certes, ce serait là une mission importante et féconde, dont le gouvernement se chargerait. Mais à quelles conditions pourrait-il consentir à prendre le fardeau des assurances agricoles, et quels seraient les moyens pratiques d'exécution au milieu des circonstances actuelles?

Telles sont les deux questions que nous nous proposons de traiter dans le chapitre suivant.

CHAPITRE TROISIÈME

Les Assurances Agricoles seront-elles obligatoires ou facultatives ?

Je suis, sans aucun doute, l'écho de toute la FRANCE agricole, lorsque j'appelle de tous mes vœux la création, par l'État, d'un système complet d'assurances, destiné à réparer les ravages des différents fléaux qui peuvent atteindre la propriété foncière.

Déjà on a vu une foule d'hommes éclairés, et notamment les conseils généraux, regarder ce moyen comme étant le seul qui pût rassurer complétement l'agriculture. Quand une opinion a acquis cette généralité, elle mérite qu'on examine à fond si elle est pratiquement réalisable : c'est ce que je vais essayer de faire ici.

L'État aurait trois moyens différents pour constituer *le Crédit agricole* dont chacun sent la nécessité :

1° Il pourrait frapper, sur la masse générale des impôts, une surtaxe déterminée;

2° Il pourrait restreindre cette surtaxe à l'impôt foncier (dans ces deux cas l'assurance serait obligatoire) ;

3° Enfin, il pourrait rendre la taxe facultative, n'en appliquer les produits qu'aux associés volontaires, et alors régler les cotisations respectives sur des bases analogues à celles qu'ont adoptées les sociétés actuelles d'assurances mutuelles.

Le premier mode (qui déjà a été proposé) me semblerait, il faut le dire, souverainement injuste; mais, au surplus, je le crois tout à fait impraticable.

On a évalué à 100 millions de francs les pertes annuelles occasionnées par les fléaux que j'ai désignés, et l'on a calculé qu'une taxe de 100 millions, répartie sur un budget de 1,400 millions, n'occasionnerait à chaque contribuable qu'un surcroît d'impôt de 7 c. par franc.

Pour moi, qui ai pu consulter les documents que possède déjà l'administration sur l'intensité de chaque fléau, je puis raisonner d'après des bases plus solides que ne peuvent l'être de simples suppositions, et je suis fondé à dire : Que le chiffre de 100 millions, qu'on avait pris comme *maximum* des pertes à indemniser, serait loin d'être suffisant pour parer aux ravages causés chaque année (en moyenne) par tous les fléaux réunis. La grêle seule enlève chaque année à l'agriculture pour 39 millions de francs de valeurs, en calculant sur une moyenne de vingt années ; et ce fléau, quoique le plus considérable, est loin cependant de représenter *le tiers des pertes totales* qu'éprouve chaque année la propriété foncière. Cependant admettons, si l'on veut, cette somme de 100 millions comme représentant le total moyen des pertes annuelles, il sera nécessaire d'y ajouter encore un cinquième environ, c'est-à-dire 20 millions pour les frais obligés d'expertises, de recouvrement, de bureau, etc., ce qui constituerait une charge annuelle de cent vingt millions, équivalant à 9 pour 100 environ de l'impôt de la FRANCE.

Est-il vrai que ce surcroît d'impôt serait insensible et qu'il soit justifiable ?

A quel titre pourrait-on prétendre que l'argent de tous les contribuables doit garantir le revenu agricole ? Il faut se garder de confondre *l'utilité particulière* (si étendue qu'elle puisse être) avec *l'utilité publique ;* celle-ci seulement peut déterminer l'État à y consacrer les ressources de l'impôt ; mais l'État ne doit à personne *la garantie de sa fortune privée* contre les pertes éventuelles qui peuvent y porter atteinte ; de telles garanties ne peuvent être cherchées, selon moi, que dans des associations volontaires et basées sur le principe fécond de la solidarité mutuelle. Que ces associations, pour plus de sécurité, soient gérées directement par l'administration publique, j'y adhère d'autant plus que je les sollicite depuis plus de douze ans ; mais elles ne doivent pas être entretenues avec la fortune publique.

Dira-t-on qu'il est de l'intérêt de tous que les désastres qui affligent certaines propriétés soient promptement réparés ; que tous les citoyens souffrent des souffrances de quelques-uns, et leur doivent assistance ; que les pertes éprouvées par des populations nombreuses restreignent la consommation générale, et font languir les transactions de toutes sortes? La chose est vraie; mais les conséquences qu'on en tire ne me paraissent pas l'être. Si la consommation est diminuée, en effet, à la suite de ces grands désastres, cette diminution tient à l'anéantissement d'une partie des valeurs en circulation; et les 100 millions que l'on propose d'affecter à la réparation de ces désastres, tout en rendant au cultivateur l'équivalent du fruit de son travail, ne feront point revivre la masse des valeurs détruites par le fléau, et ne pourront les rendre à la consommation générale.

C'est ce remboursement du REVENU ANNUEL de la fortune privée, qui constitue surtout, à mes yeux, la différence qui existe entre l'intérêt public et l'intérêt particulier.

Si l'assurance préservait les récoltes contre les désastres des fléaux et les rendait en nature à la consommation, mon raisonnement ne vaudrait rien. Mais ce n'est pas le cas; et l'assurance n'a ici d'autre effet que de garantir la *valeur du travail* du cultivateur, et son REVENU territorial.

Il n'est donc pas exact de dire que tous sont matériellement intéressés à la réparation des sinistres partiels. D'ailleurs, et voulût-on admettre ce principe abstrait d'*intérêt commun*, on ne pourrait pas le pousser jusqu'à prétendre que l'intérêt soit *égal pour tous*. Dès lors, on doit prendre l'intérêt distinct de chacun pour mesure de sa cotisation particulière ; ainsi, on ne peut pas imposer à tous les contribuables une taxe égale et uniforme ; on ne peut même plus soumettre à la taxe ceux que le fléau n'atteint jamais ou presque jamais, puisque leur cotisation serait dépourvue de toute base proportionnelle.

Et qu'on réfléchisse, d'ailleurs, aux conséquences désastreuses qu'entraînerait l'adoption d'un tel principe. Si l'on admettait que la fortune publique dût garantir *le revenu* des particuliers, où s'arrêterait-on ? Ce ne serait plus le propriétaire incendié, grêlé, inondé, qui viendrait réclamer, mais celui qui aurait, par une cause quelconque, fait une mauvaise récolte ; ce ne serait plus contre ces fléaux éclatants et manifestes de la nature qu'il faudrait garantir le revenu des cultivateurs, mais contre toutes les causes, si mystérieuses qu'elles soient, qui jettent la perturbation dans ce revenu : contre la sécheresse de la dernière année, contre l'humidité de l'année qui l'a précédée, contre les insectes malfaisants, contre les innombrables maladies qui font varier sans cesse les produits du sol. Bien plus, qui empêcherait l'ouvrier de vous demander la garantie de son salaire? c'est *le produit* de son travail, à lui, *c'est sa recolte :* pourquoi ne l'estimerait-on pas digne de la même sollicitude que *la récolte des fermiers ?* Et ainsi, nous serions conduits, d'analogies en analogies, aux folles doctrines du socialisme. L'État deviendrait l'administrateur responsable de la fortune de tous; les produits réunis du sol et du travail formeraient entre ses mains une masse qu'il distribuerait selon des règles arbitraires; et la propriété disparaîtrait dans cette confusion qu'on prend pour de l'ordre, dans cette spoliation qu'on prend pour de la justice.

C'est, dira-t-on, pousser les choses à leur extrême conséquence. Prenez-y garde : il n'y a pas de plus rigoureux logicien qu'un fait; tôt ou tard il enfanterait ses conséquences, et ses conséquences seraient une épouvantable révolution.

L'État, d'un autre côté, ne veut pas se charger des assurances contre l'incendie, et il a grandement raison.

Mais s'il adoptait les assurances obligatoires, il serait bien obligé d'ajouter l'incendie aux assurances agricoles; car, sans cela, comment pourrait-il contraindre les propriétaires d'immeubles et tous ceux qui se trouvent avoir des objets destructibles par le feu, à réparer les pertes éprouvées par les cultivateurs, si les cultivateurs, de leur côté, n'étaient pas contraints eux-mêmes à payer les sinistres provenant de l'incendie?

Et comment l'État, faisant contribuer tout le monde, pourrait-il indemniser les uns sans indemniser les autres?

Je crois donc que les assurances obligatoires par l'État seraient imprudemment constituées aujourd'hui; mais je les considère à tout jamais impossibles pour la branche incendie; car cette nature de risques apporte avec elle deux difficultés qui lui sont particulières : la première est la quantité d'intérêts qui se sont engagés dans la fondation des sociétés particulières, avec l'autorisation du gouvernement, et dont les droits acquis ne sauraient être brusquement sacrifiés; la deuxième est bien autrement grave : elle dérive soit de la facilité de mettre le feu, soit de la facilité à alimenter les incendies ; et, tandis que les autres fléaux agricoles proviennent de causes que nul effort humain ne saurait rendre plus fréquentes ni moins désastreuses, l'incendie peut, au contraire, résulter du fait volontaire de l'homme. Or, si l'assurance était organisée par l'État, et que l'État répondît des sinistres du feu, ne devrait-on pas craindre que le brandon de l'incendie ne devînt, entre les mains des mécontents politiques, une arme terrible, un des plus redoutables leviers pour l'insurrection ? Cette difficulté est grave, et, pour ma part, je suis effrayé des dangers qu'elle laisse entrevoir.

Passons maintenant à l'examen du deuxième mode qui avait été indiqué :

L'État devrait-il ne prélever une surtaxe que sur l'impôt foncier, tout en laissant l'assurance fixe et obligatoire?

On sera d'abord effrayé de l'énormité du chiffre proportionnel auquel s'élèverait cette surtaxe. Si les charges annuelles peuvent, en effet, s'élever, comme je l'ai dit, à 120 millions, l'impôt foncier ne dépassant pas 278 millions, ce serait, dès lors, une augmentation de 45 p. 100 qu'il faudrait exiger. Évidemment, une pareille mesure ne peut pas être l'objet d'une discussion sérieuse.

Il ne reste donc de proposable que le procédé que j'ai présenté en troisième ordre, celui de composer un fonds commun de garanties générales, au moyen d'une cotisation annuelle que payeraient seulement les intéressés dans l'assurance. Cette cotisation serait non pas imposée, mais consentie ; les effets n'en seraient pas circonscrits dans telles ou telles zones particulières ; ils seraient étendus à toutes les localités de l'Empire ; enfin, la cotisation, loin d'être la même pour chaque assuré, serait essentiellement inégale ; c'est-à-dire qu'on la proportionnerait aux intérêts très-divers qui rattacheraient chacun d'eux à cette grande mutualité.

Quant à l'importance relative de tous ces intérêts (quelque diversifiés qu'ils soient), on pourra toujours la préciser en chiffres, et les ramener à un dénominateur commun par un tarif gradué de cotisations. Les bases normales de ce tarif sont données d'avance par la nature même de l'institution. Ce sont, premièrement, la valeur estimable des objets que chaque sociétaire veut placer sous l'abri de l'assurance, et, en second lieu, l'appréciation des risques plus ou moins onéreux d'indemnisation dont il grève le fonds commun de garantie. Ces derniers risques, on le conçoit, peuvent être fort inégaux, selon que l'objet assuré est plus ou moins destructible par lui-même, et, en outre, plus ou moins exposé à des causes extérieures de destruction. Cette corrélation naturelle entre le taux des cotisations et l'étendue du risque est déjà consacrée par la pratique de toutes les assurances mutuelles ou à prime, maritimes ou terrestres. Je l'ai, du reste, traitée spécialement au point de vue des assurances par l'État dans les divers chapitres de cet ouvrage.

On peut induire de la trop grande disparité des risques et même de leur dispersion à de trop grandes distances, qu'ils sont plus difficiles à apprécier dans leur valeur comparative, et qu'ils résistent d'autant plus à s'absorber confusément dans une mutualité commune. Mais déjà j'ai fait entrevoir que les différentes catégories d'un tarif bien gradué répondaient suffisamment à la dernière partie de l'objection. Quant à la première, c'est-à-dire la difficulté d'apprécier les probabilités comparatives de l'invasion de certains fléaux, je crois aussi avoir résolu cette objection par mes travaux statistiques, ainsi qu'on le verra dans un instant.

Mes recherches statistiques ont également justifié qu'il n'existe nulle similitude entre les risques ou dangers des divers départements ; et, par conséquent, un système de cotisations uniformes comme l'impôt, dans le but d'indemniser les victimes des désastres qu'on vient de mentionner, constituerait, en vue d'une égalité injustifiable, la plus monstrueuse des iniquités.

Dira-t-on que les différents fléaux se compensent entre eux, et que le propriétaire qui ne court pas de danger de l'inondation est exposé à la grêle ou à l'ouragan ? Sans doute cela est possible pour quelques localités particulières et exceptionnelles, mais on ne prétendra certainement pas que ces compensations fortuites soient de nature à motiver la formation d'une seule et même assurance contre tous les fléaux. Évidemment, il faut les séparer les uns des autres, et faire ensuite pour chacun le calcul des risques.

Ainsi, on voit que les deux premiers modes d'après lesquels l'État pourrait organiser les assurances agricoles étant repoussés par le raisonnement, il ne reste d'applicable, comme je l'ai dit plus haut, que le troisième mode, c'est-à-dire que l'assurance organisée par l'État doit être *facultative*, *mutuelle*, et tarifée selon une *classification* raisonnée *des matières assurables*.

Elle doit être facultative, car l'État ne peut se substituer au propriétaire *pour la conservation de ses revenus privés*, et chacun doit être libre, s'il le juge plus conforme à ses intérêts, de rester lui-même son propre assureur.

Elle doit être mutuelle ; c'est le seul procédé raisonnable. Toute assurance, d'ailleurs, est mutuelle en réalité, car ce sont toujours les associés préservés qui payent, par leur prime, l'indemnité due aux assurés sinistrés ; seulement, dans le système des primes fixes, cette mutualité est déguisée, et la compagnie, se portant fort pour la réparation du désastre, bénéficie quand les primes reçues par elle dépassent les indemnités à payer, et est en perte, ou plutôt fait faillite, quand le contraire arrive. Or, ici, l'État ne peut penser à faire aucun bénéfice, et j'ai prouvé, ce me semble, qu'il ne peut s'engager à réparer les sinistres particuliers en puisant dans le trésor public.

Enfin, j'ai démontré que la matière assurable doit être soigneusement classée d'après les différents degrés de risques qui sont propres à chaque objet. Qu'est-ce, en effet, qu'une société de ce genre ? C'est une association dans laquelle chacun se fait garantir contre les risques qu'il encourt, et paye une cotisation qu'on présume équivaloir à ces risques. Cette garantie doit avoir pour prix, comme toute marchandise, l'utilité qu'elle offre ; or, cette utilité étant variable, la cotisation doit varier comme elle, en d'autres termes : elle doit être l'équivalent des charges que l'assuré impose à la masse en entrant dans l'association. Celui qui, selon la loi des probabilités, subit, dans un même temps, trois fois plus souvent un même désastre, c'est-à-dire retirer de la masse une somme triple, doit, tout naturellement, concourir dans un rapport triple à sa formation, en y déposant une prime trois fois plus forte. On conçoit, en effet, que s'il n'en était pas ainsi, la société, onéreuse pour ses garants, devrait être bientôt rompue.

Au moyen d'une cotisation différente appliquée à des dangers différents, il devient aussitôt possible d'associer entre elles, sans injustice, les chances les plus diverses, parce que la cotisation plus considérable rachète les dangers plus grands, et ne fait porter sur le risque le plus minime qu'une charge extrêmement réduite ; alors, quel que soit le danger couru, il devient avantageux pour tous de prendre part à l'association.

On vient de voir quels principes doivent servir de bases à l'État pour constituer les assurances agricoles ; il me reste à examiner si ces principes sont immédiatement applicables, si l'État peut en prendre, dès à présent, la haute direction qui ne saurait être mieux placée qu'entre ses mains, et si les effets répondraient à cette suprême confiance que les pouvoirs publics ont le droit d'exiger.

CHAPITRE QUATRIÈME

Application des Assurances par l'État.

J'ai suffisamment démontré l'utilité des assurances agricoles et la salutaire influence qu'elles peuvent exercer sur le crédit agricole en garantissant aux revenus des cultivateurs la fixité nécessaire pour attirer la confiance des capitalistes ; j'ai fait voir combien est urgente une réforme qui, de l'avis de tous les conseils généraux, ne peut être pleinement opérée que par l'intervention de l'État.

En étudiant les conditions auxquelles pourrait être réalisée cette intervention toute-puissante, j'ai été conduit au développement d'un système large, fécond, appuyé sur l'expérience des faits passés, et qui se perfectionnerait de lui-même par les faits à venir. J'ai démontré que ce système devait s'appuyer sur le double principe de la justice et de la liberté : sur la justice, en ce qu'on y proportionnerait exactement, par un tarif bien combiné, les sacrifices exigibles de chaque contribuable avec l'importance des dangers courus ; sur la liberté, en ce que toute nationale et gouvernementale que deviendrait cette mutualité, elle ne serait cependant composée que d'associés volontaires.

Le mode qui, selon moi, peut seul être adopté aujourd'hui par l'État, pour les assurances contre les fléaux de la nature, est donc la MUTUALITÉ FACULTATIVE.

Mais je n'exclus pas rigoureusement pour cela le mode des assurances obligatoires dans certaines conditions seulement. Je dis que la question des assurances par l'État, n'ayant pas encore été expérimentée dans ses diverses branches, il serait imprudent, de la part du gouvernement, de prendre à forfait la réparation des sinistres.

Cette transmutation se fera tout naturellement un jour, si les assurances facultatives se propagent, comme je n'en doute pas, et après que le chiffre *réel des assurances possibles* et celui de *l'importance des sinistres* seront bien connus. Mais je voudrais que l'assurance, quoique obligatoire, restât toujours nominative et personnelle, et que l'impôt fût basé sur un tarif de primes déjà expérimenté.

Rien n'est aussi facile que de déterminer les bases nécessaires aux institutions qu'il s'agit aujourd'hui de former. Qu'est-ce autre chose, en effet, que le système que j'ai démontré précédemment être le seul praticable, c'est-à-dire de vastes sociétés mutuelles créées sous la condition que le gouvernement en serait le protecteur et non pas le chef responsable, et que la responsabilité de leurs opérations resterait propre à chaque société, au lieu de retomber sur le trésor public ?

La base de chacune de ces sociétés serait donc une mutualité grande et généreuse : c'est là, nous l'avons vu, le seul principe raisonnable.

Leur circonscription serait la FRANCE entière ; car l'immensité de l'étendue peut seule fournir une puissance de garantie suffisante pour parer aux ravages de certains fléaux qui agissent à la fois avec la plus grande intensité sur une étendue considérable de territoire.

La classification des risques, cette base essentielle de toute bonne assurance, serait établie sur les données acquises aujourd'hui, et dont j'ai indiqué les proportions dans cet ouvrage.

Les assurances seraient reçues dans chaque commune par des fonctionnaires ou des employés civils.

Mais les recettes ne pourraient être faites que par les agents de l'État, chargés d'encaisser les impôts ordinaires.

Le payement des primes dues pour une assurance, serait obligatoire, de même que l'impôt ordinaire, et cela pendant toute la durée de cette assurance.

Les assurances agricoles seraient administrées sous les yeux du gouvernement et d'un conseil supérieur par un personnel nommé par l'Empereur ou par ses ministres.

Ces sociétés recevraient des assurances volontaires pour chaque branche de l'assurance, comprenant la grêle, la gelée, les inondations, les épizooties.

Ces diverses branches d'assurances ne devraient avoir aucune solidarité entre elles, elles formeraient chacune une société mutuelle distincte, de façon qu'il ne soit pas permis de solder un sinistre de grêle, par exemple, avec des fonds provenant des inondations, et réciproquement.

Ces sociétés placées, dans chaque localité, sous le patronage des hommes les plus éminents, des propriétaires les plus éclairés, seraient soumises, en outre, à la surveillance d'un conseil formé dans chaque département ou dans des circonscriptions moins étendues encore.

Ces conseils seraient chargés, chacun dans sa localité, de surveiller la promptitude et la régularité des opérations; ils agiraient sous la haute impulsion d'un conseil supérieur siégeant à PARIS.

Sans nul doute, des institutions créées sur ces bases donneraient des garanties sérieuses, et, par elles, tous les intérêts pourraient être en grande partie satisfaits; l'agriculture serait soulagée du grand poids qui pèse sur elle; tous les désordres seraient réparables, parce que cette garantie, étendue sur un vaste territoire, serait toujours exercée par un nombre suffisant de propriétaires épargnés; et qu'elle serait d'autant plus grande que la cotisation de chacun serait dans le plus exact rapport avec les chances particulières qu'il apporterait à l'association.

Enfin, l'État pourrait, plus tard, avec la certitude de l'expérience, prendre la responsabilité des assurances agricoles, sauf la condition des primes différentielles.

En résumé, mon opinion est : Que l'État doit créer les assurances agricoles, car elles sont la nécessité du moment.

Mais il faut que l'on sache que ces sociétés d'assurances mutuelles, sont bien créées et dirigées par l'État, au point de vue de la garantie générale; mais que ce n'est pas l'État qui assure.

Il faut que ces sociétés n'aient, dans leur constitution, rien qui prête à une spéculation, mais aussi il faut qu'elles jouissent de tous les avantages d'une institution publique.

C'est ainsi que ces institutions agricoles profiteront de tous les bénéfices moraux des assurances par l'État, sans que leurs opérations puissent engager le trésor ni le crédit politique du gouvernement.

C'est dans l'espoir de la prochaine adoption de ces sages mesures que je vais aborder les moyens pratiques et fournir les bases sur lesquelles peuvent être dressés les tarifs fixant la prime due par chaque assuré.

CHAPITRE CINQUIÈME

De l'impuissance des Sociétés d'Assurances agricoles crées jusqu'à ce jour.

« La grêle, sur sept milliards (1) de valeurs assurables contre ce fléau, enlève en moyenne par an à l'agriculture pour 40 millions de francs de ses récoltes, soit pour cinq francs soixante-douze centimes (5 fr. 72 c.) par mille francs.

« L'incendie, sur cent quarante milliards de valeurs assurables contre le feu, détruit

(1) Par suite de la révision que j'ai faite en 1857 de ma statistique générale d'après la moyenne des cours de 1844 à 1854, ces chiffres sont modifiés ainsi qu'on le verra plus loin; mais je les maintiens ici parce que ce rapprochement a été publié en 1852. (Voir Origine du discrédit des Compagnies d'Assurances contre la Grêle en France, par Du Boucheron. *Paris, Maulde et Renou*, 1852.)

en moyenne par an pour dix-huit millions de francs de ces valeurs, soit pour treize centimes (0 fr. 13 c.) par mille francs.

« Sur les 140 milliards de valeurs exposées à être incendiées, les diverses compagnies assurent pour trente milliards de francs de ces valeurs, soit un franc sur quatre francs soixante-six centimes (1/4,66) de valeurs assurables ou 1/5 environ.

« Sur les 7 milliards exposés à la grêle, les diverses sociétés n'assurent que pour 181 millions de récoltes, soit 1 franc sur 38 francs 67 centimes, 1/38,67 ou 1/39 environ.

« Ainsi l'agriculture, pour un danger de 5 fr. 72 c. par 1,000 francs, n'a confié que 1/39 de ses récoltes aux assurances contre la grêle.

« Tandis que, pour l'incendie, pour un danger de 13 centimes seulement par 1,000 fr., elle leur confie 1/5 de ses valeurs.

« Il résulte de ce rapprochement que l'agriculture, qui aurait quarante-quatre fois plus d'intérêt à se faire assurer contre la grêle que contre l'incendie, fournit cent soixante-cinq fois plus d'assurances à ce dernier fléau.

« Le motif de cette défaveur des assurances

contre la grêle est tout entier dans le vice de leur organisation.

« En effet, les assurances contre l'incendie payent toujours leurs sinistres, tandis qu'il n'y a pas une seule société d'assurance contre la grêle, quel que soit son chiffre d'assurance, qui ait pu, avant l'union générale, donner les mêmes garanties à l'agriculture. »

Les vices des sociétés contre la grêle sont : leur trop petite étendue territoriale, qui est cause que le même orage peut atteindre la plus grande partie de leurs assurés, et aussi la mauvaise pondération de leurs primes d'assurances.

Avant mes études spéciales sur les faits de grêle, au moyen desquelles j'ai pu tarifer nominativement chaque commune de France en raison mathématique de son danger de grêle, une société d'assurance contre la grêle à primes fixes et encore moins une assurance par l'État n'étaient pas possibles.

Aujourd'hui, toutes les diverses contrées de la France peuvent, avec des primes différentielles déjà expérimentées, s'associer mutuellement contre la grêle, de même que s'associent journellement contre l'incendie une maison construite en pierre, couverte en tuile, et une autre maison construite en bois, couverte en chaume, et une fabrique ou une profession dangereuse.

C'est grâce à ce grand et immense travail, basé sur des faits matériels et non sur des chiffres théoriques, que j'ai pu obtenir du gouvernement l'autorisation exceptionnelle de l'union générale POUR TOUTE LA FRANCE (et que, plus tard, la Compagnie générale Incendie a pu, grâce à mes notes et à mes instructions pratiques, fonder à primes fixes sa société contre la grêle, tout en trouvant le moyen, il est vrai, de profiter de mes travaux, sans me faire participer à ses bénéfices : c'est ainsi que l'on opère de nos jours, à ce qu'il paraît).

Vingt-sept sociétés mutuelles ont été autorisées contre la grêle ; les unes n'embrassent dans leur circonscription qu'un arrondissement départemental, d'autres un département tout entier ; d'autres encore, plusieurs départements limitrophes, enfin, il y en a une qui a obtenu quarante départements.

L'Union générale fut la seule qui, grâce à

mon travail statistique, fut autorisée pour la France entière.

Treize de ces sociétés sont tombées par suite des indemnités illusoires qu'elles donnaient aux assurés.

Quatorze existent encore ; elles n'assurent ensemble que pour **181** millions de récoltes, savoir :

175 millions de Céréales ;
3 millions de Colzas ;
et **3** millions environ de Vignes.

Leurs primes sont uniformes, elles ne sont pas graduées pour les *dangers de position ;* elles n'ont que des degrés variés pour le risque de nature.

Ainsi, dans ces sociétés, une commune grêlée dix fois en vingt ans ne paye pas plus que celle qui ne l'est jamais.

Il résulte de ce fait que la commune sur laquelle il grêle peu ne s'assure pas, parce qu'on lui demande trop, et que ces sociétés ne font des assurances que sur les localités où il grêle souvent ; c'est ce qui fait nécessairement qu'elles ont beaucoup de sinistres qui chargent leur budget et les expose souvent à ne solder qu'au centime le franc.

Plusieurs de ces sociétés, ayant vu par mon travail statistique que leurs bases étaient mauvaises, ont fait ajouter à leurs statuts des risques de situation ; mais, n'ayant pas les bases de mon travail, elles ont établi cette nouvelle prime d'après l'importance des sinistres éprouvés dans chaque localité. Ainsi, elles ont fait payer une prime simple, par exemple, à la commune qui ne leur avait fait éprouver que pour 1,000 francs de sinistres, et ont réclamé une prime double à celle qui leur avait coûté 2,000 francs, ainsi de suite. Système fatal pour elles, car l'importance du dommage éprouvé ne constitue pas seul la preuve d'un danger de grêle ; l'importance du chiffre d'un sinistre provient d'autres causes.

Dès 1845, j'ai prédit que cette base vicieuse, adoptée par ces sociétés, serait une cause de ruine pour elles. Je ne crois pas m'être trompé.

Je vais tâcher de réfuter ici l'opinion qu'ont plusieurs personnes : que l'on peut, avec équité, baser un tarif de primes sur l'importance du chiffre des sinistres dans une société d'assurances.

En thèse générale, on peut admettre qu'un canton souvent ravagé par la grêle, dans un temps donné, puisse présenter un chiffre de pertes plus considérable que celui de quelques autres cantons ; mais devra-t-il, par ce seul fait, être placé dans un risque plus élevé? Je ne le pense pas, et mes observations, ainsi que mes études, le démentent.

En effet, pour que, de deux cantons grêlés aussi souvent l'un que l'autre, il y ait un de ces cantons qui présente un chiffre de pertes plus considérable, ne suffit-il pas :

1° Que ce canton soit plus fertile ;

2° Que les cultivateurs d'une localité soient plus industrieux ;

3° Que le hasard fasse tomber la grêle sur un de ces cantons à une époque où les récoltes sont le plus endommageables, par exemple : celle de la maturité ;

4° Que les récoltes cultivées dans un canton soient d'une nature plus délicate ;

5° Et enfin que les produits agricoles de ce canton présentent des récoltes d'une plus grande valeur agglomérées sur un très-petit espace ?

Certes, un hectare de culture ravagé, sur

les coteaux des vins de Nuits ou de Château-Laffitte, coûtera plus cher à indemniser qu'un hectare de culture ravagé dans la Sologne.

Il est donc bien évident que le chiffre de la perte, c'est-à-dire l'importance du sinistre éprouvé, n'a aucune analogie directe avec les dangers de grêle, mais qu'au contraire il en a beaucoup avec la nature et la valeur des récoltes, leur agglomération, la richesse du sol et l'époque du sinistre.

Il serait donc injuste de prendre l'importance du chiffre des sinistres connus pour base d'un tarif gradué de primes d'assurance.

En effet, de ce qu'un propriétaire a de nombreux immeubles, s'ensuit-il que le gouvernement ait le droit d'exiger de lui un centime le franc double de celui des autres contribuables? Il n'y a d'inégalité entre le riche et le pauvre que par l'importance du revenu et celle des impôts qu'ils doivent, de sorte que l'un paye cet impôt, par exemple sur 100 francs, tandis que l'autre le paye sur 10,000 francs.

Pourquoi donc une assurance mutuelle agirait-elle autrement avec ses assurés qui, eux aussi, ont, suivant leur richesse, un chiffre inégal d'assurance?

Un exemple suffira pour lever tous les doutes, s'il en existe encore ; je le prendrai sur les départements de l'Isère et des Hautes-Alpes.

Le département de l'Isère a *pour 103 millions* (statistique officielle) de valeurs assurables contre la grêle, tandis que celui des Hautes-Alpes n'en a que *pour 20 millions* (également chiffre officiel), soit 1/5 de celui de l'Isère.

Toutes proportions gardées, toutes chances de grêle égales d'ailleurs, un canton du département de l'Isère présentera, chaque année, tout naturellement une perte cinq fois plus forte que celle d'un des cantons des Hautes-Alpes. Mais, à cause de cela, serait-il juste de réclamer aux propriétaires de l'Isère une prime annuelle cinq fois plus forte qu'à ceux des Hautes-Alpes? L'égalité n'est-elle pas, au contraire, parfaitement établie par ce seul fait que les cantons de l'Isère contribueront annuellement pour cent cotisations de 1,000 francs, tandis que ceux des Hautes-Alpes ne contribueront que pour vingt cotisations?

J'ai donc été dans le vrai en cherchant à connaître *la fréquence des passages de grêle, et en désignant le nombre des dangers courus par chaque commune*; car, en effet, tout le danger est là. Et, de même que le soldat qui va tous les jours au combat est plus exposé à être tué que celui qui n'y va qu'une fois par semaine, la commune qui n'est pas protégée par des accidents topographiques court plus de risques que celle qui est protégée et est plus exposée que celle-ci à voir la grêle tomber à des époques de l'année où ses récoltes sont plus susceptibles d'éprouver un chiffre de perte plus considérable, c'est-à-dire recevoir une blessure plus forte.

A mes yeux, toute la sécurité et la prospérité d'une compagnie d'assurances, de quelque nature qu'elle soit, repose entièrement sur la juste pondération de la classification de ses primes.

Il faut toujours que la prime annuelle, payée par l'assuré, représente exactement le danger qu'il fait courir, c'est-à-dire la somme que l'on peut être appelé, en moyenne, à lui payer, en cas de sinistres, et cela, surtout, dans une assurance mutuelle dirigée par l'État, où il ne peut y avoir de place pour des spéculations privées ; c'est alors que cette prime, renouvelée annuellement, doit constituer, pour l'ensemble des assurés, une véritable caisse d'épargne qui, dans un temps donné, doit s'équilibrer pour chacun de ces assurés.

Toutes les assurances qui s'éloignent de ce principe fondamental périront nécessairement dans un temps donné.

Les assurances existantes contre la grêle, ainsi que celles créées contre les épizooties et les inondations, n'ayant pas étudié suffisamment, ainsi que je l'ai fait, les bases de leur tarif, ont dû en souffrir. C'est ce qui explique leur ruine ou leur position précaire, et le peu de confiance qu'elles ont inspiré aux cultivateurs.

Il en a été de même de toutes les autres natures d'assurances qui se sont montées sans avoir produit de bons tarifs de primes.

Le gouvernement, voyant alors que ces tarifs n'étaient pas suffisamment justifiés, en refusait l'application sur de grandes étendues territoriales, et il n'autorisait ces sociétés que pour quelques contrées limitrophes seulement; la mesure était sage, au point de vue administratif, mais elle était aussi une nouvelle cause de discrédit pour ces sociétés.

Si l'Union générale n'a pas réussi, malgré son tarif bien pondéré et son étendue territoriale, il ne faut l'attribuer qu'à des circonstances particulières et exceptionnelles prises en dehors de ses statuts.

Autorisée en 1848, après une lutte de sept années au conseil d'État, alors qu'il était bien difficile et même impossible de trouver les fonds nécessaires pour lancer cette société, qu'épuisé moi-même par cette longue lutte, et aussi par les énormes dépenses occasionnées par mes recherches et mes travaux statistiques sur les événements de grêle (plus de 300,000 francs), je n'ai pas pu lui assurer le brillant avenir qu'elle aurait atteint infailliblement sans toutes ces circonstances.

Du reste, ainsi que je l'ai déjà dit plus haut, et comme mes lettres au ministre, en 1844 et en 1846, ainsi que mon article de mars 1847, publié dans *le Cultivateur*, le prouvent, mon but constant était l'assurance par l'État; je n'ai jamais envisagé l'Union générale comme une spéculation, je ne l'ai considérée que comme un moyen pratique pour mon instruction particulière sur la matière des assurances, ayant la conviction constante que je finirais tôt ou tard par apporter à l'État le fruit de mes travaux, celui de mes études et de mon expérience dans une question si peu connue, et pourtant si importante pour la population agricole; l'Union générale n'était donc réellement qu'un acheminement; j'avais raison d'espérer, puisque la réalisation de mon beau rêve, des assurances par l'État, est sur le point d'avoir lieu.

En disant le premier Dieu bénisse l'Empereur pour avoir pris l'initiative d'une si utile institution pour la France, je ne suis que le précurseur de toutes les bénédictions qui vont lui être adressées par la Nation entière et particulièrement par la population agricole, si digne de tout l'intérêt que Sa Majesté lui porte.

CHAPITRE SIXIÈME

De l'efficacité de la création par l'État d'une Société d'Assurances mutuelles contre les fléaux de la nature.

L'agriculture est sans protection sérieuse contre les fléaux de la grêle, de la gelée, des inondations et des épizooties.

Des sociétés ont essayé de lutter contre la grêle et les épizooties, une seule avait abordé les assurances contre les inondations. Aucune n'a osé chercher à réparer les pertes causées par la gelée.

Contre trois de ces fléaux on a monté des compagnies d'assurances. J'ai déjà dit pourquoi elles n'avaient pas réussi : leurs bases restreintes, leur classification mal pondérée ont été le motif de leur insuccès.

Leur mauvaise organisation originelle est

donc la cause première du peu de confiance qu'elles ont inspiré à l'agriculture.

Les assurances, de même que la banque, n'ont de chance de succès que si leur établissement est organisé de façon à inspirer à leur public la plus entière confiance ; c'est sur cette confiance que naissent leurs opérations, et c'est leur grand nombre qui fait leur richesse et leur prospérité.

Pour les assurances contre la grêle, la gelée, les inondations et les épizooties, ce n'est pas seulement dans le grand nombre des opérations qu'elles puiseraient leur prospérité, car si ces opérations étaient groupées sur un territoire restreint, elles y trouveraient une cause de ruine ; il faut aussi que les opérations soient réparties sur le plus grand territoire possible.

La caisse d'assurances mutuelles que va créer l'État inspirera de prime abord cette confiance illimitée, gage du succès, et il sera facile à cette administration, grâce aux moyens dont peut disposer le gouvernement, de veiller à la dispersion des risques sur toutes les parties du territoire sans avoir besoin pour cela de restreindre ses opérations.

Cette précaution importante et leurs tarifs bien pondérés mettront les assurances par l'État à l'abri de tous mécomptes.

Le propriétaire alors, ainsi que l'agriculteur, trouvera dans cette institution sa sécurité et la garantie de sa fortune.

Grâce à elle, il aura la certitude de toujours pouvoir récolter ce qu'il aura semé, et le fruit de ses travaux ; il sera assuré de pouvoir rentrer dans les avances faites à la terre. Il produira davantage, car du moment que la surface de sa terre deviendra plus *solvable* par le fait des assurances par l'État, il lui prêtera davantage.

Ainsi, le propriétaire, rassuré par cette société sur le payement régulier de ses fermages et sur la rentrée plus assurée de ses revenus, n'hésitera plus à engager de grands capitaux pour l'amélioration de ses cultures et celle de la race deses bestiaux producteurs et autres.

Le crédit foncier en retirera d'immenses avantages et aussi de nouvelles garanties pour le remboursement des sommes qu'il aura prêtées.

D'immenses capitaux engagés aujourd'hu

dans l'industrie, souvent témérairement, rentreront à l'agriculture qui pourra alors s'améliorer sur tous les points et produire suffisamment pour tous les besoins du pays et à des prix modérés, des denrées et des bestiaux que la France est aujourd'hui obligée de payer fort chers hors de son territoire.

Un autre avantage qui, je crois, résultera de la création de ces assurances par l'État, ce sera celui de reconstituer, par l'intérêt, les liens actuellement brisés de la famille.

L'agriculture, en s'améliorant, emploiera un plus grand nombre de bras; elle utilisera ces jeunes gens qui, de nos jours, abandonnent le toit paternel pour aller déverser leur manque de travail dans nos villes à un âge trop impressionnable encore pour en éviter les vices. Ils y perdent au moins, dans tous les cas, l'amour de la famille, le respect dû aux auteurs de leurs jours ainsi que cette pureté de sentiment si intimement nécessaire à l'avenir politique d'un grand État.

Tels sont, succinctement, quelques-uns des avantages que l'on est, je le crois, en droit d'espérer de la création des assurances par l'État, bien organisées et sagement établies.

Mais il faut aussi également que cette assurance, quoique faite par l'État, ait des tarifs bien pondérés, et, par cela même que l'on attendra beaucoup d'elle, il faut qu'elle soit en mesure de tenir plus encore. Et malgré qu'elle soit fondée sur les bases de la mutualité, il faut l'organiser de façon qu'elle puisse toujours être en mesure de réparer les pertes éprouvées. Elle n'y parviendra qu'en ayant des tarifs de primes justement établis et un service bien choisi et bien organisé pour les expertises de sinistres,

---

CHAPITRE SEPTIÈME

De la Statistique comparée et de la Pondération des Primes.

Avec les bases officielles de la production territoriale, publiées par le gouvernement, et les relevés statistiques que j'ai faits, on peut arriver à faire des tarifs pour les quatre branches d'assurances que l'État va créer ; mais des tarifs établis seulement sur des bases théoriques exposeraient une société d'assurances à de graves mécomptes.

Il y a, en effet, entre la pratique et la théorie, des différences énormes, et pour faire un bon travail, il ne faut négliger ni les données de l'une ni les résultats de l'autre.

La différence entre la pratique et la théorie peut provenir de plusieurs causes : la première, c'est que la pratique qui a été faite n'a opéré, relativement à la masse, que sur des infiniment petits et que, dans ces opérations restreintes, il a pu se faire que le chiffre assuré ne soit pas la représentation exacte de tous les dégrés de dangers.

La deuxième, que la théorie, au contraire, est le résultat de la comparaison de toutes les valeurs assurables avec tous les sinistres connus, pendant une période de plusieurs années consécutives, et que tous les degrés de risques y sont parfaitement équilibrés.

La théorie, dans ce cas, est l'assurance élevée à son plus haut point de puissance.

Il est certain que si l'on arrive à assurer la totalité des valeurs assurables dans chaque branche, la prime de l'assurance à réclamer de l'assuré sera peu élevée; mais avant d'avoir atteint ce résultat de la généralité, il ne faut pas perdre de vue que les risques dangereux entreront dans l'assurance dans une proportion plus grande que ceux qui ne le sont pas et que si l'on ne prenait pas des mesures pour lutter contre ce fait, il en résulterait, ainsi que je l'ai dit, de sérieux mécomptes et des effets moraux plus fâcheux encore et de nature à compromettre l'avenir de l'institution ou la confiance qu'elle doit inspirer; c'est ce qu'il faut chercher à éviter.

La troisième, c'est que malgré que les données statistiques soient officielles, elles ne présentent pas des chiffres suffisamment authentiques pour pouvoir établir sur eux seuls une opération financière de l'importance d'une assurance par l'État, surtout si ces chiffres n'avaient pas été contrôlés par l'expérience elle-même.

Par exemple, mes opérations statistiques (1857), établies d'après les chiffres officiels, me donnent 10 milliards de valeurs assurables contre la grêle, ils me donnent aussi un chiffre moyen de 40 millions de sinistres annuels. Je crois être dans le vrai en les publiant, mais rien ne peut me garantir que lorsque tout ce que la grêle peut ravager sera assuré, on retrouvera juste ce chiffre de 10 milliards. Et également, d'un autre côté, qui m'assure que ce chiffre de 40 millions de sinistres n'est pas trop faible et qu'une grande partie des sinistrés ne se sont pas abstenus d'y faire figurer des pertes plus ou moins importantes? En un mot, l'abstention des uns y compense-t-elle l'exagération de la demande des autres?

Il est un fait qu'il serait dangereux de mépriser, c'est que telle personne assurée réclamera à l'*assurance* une indemnité pour des pertes qu'elle n'aurait pas osé faire figurer dans une *demande de secours* adressée à l'État.

J'ai vu des assurés qui se sont fait payer, par les compagnies d'assurances, un rempaillage de chaise qu'une étincelle avait endommagée et un vieux lange d'enfant, troué par le feu ; certes, voilà des sinistres qui n'existent pas dans les chiffres officiels ; mais je suis certain qu'il y en a de plus sérieux et en très-grand nombre qui n'y figurent pas non plus.

Les sinistres occasionnés par la gelée, par exemple, qui ne figurent dans le chiffre des demandes de secours que pour 8 millions 1/2 en moyenne par an, s'élèveront, j'en suis certain, à un chiffre qui approchera de celui de la grêle, s'il ne le dépasse; et de plus, je crois être en droit de le dire, les sinistres de cette branche d'assurances seront bien difficiles à apprécier. En effet, une multitude de causes de pertes étrangères à la gelée pourront être mises sur le compte de ce fléau, et l'expert chargé d'évaluer le sinistre aura de la peine, sur bien des récoltes, à distinguer de la gelée les effets de la sécheresse, de l'humidité, des brouillards, et même de la pluie, sur la floraison des blés, des vignes, des fruits et des colzas.

Les sinistres provenant des inondations et des épizooties sont d'une appréciation plus facile ; mais il faut s'attendre qu'il y aura, de la part de certains assurés contre les épizooties, des abus fréquents qui tendront à faire augmenter le chiffre des sinistres.

Toutes ces observations sont à méditer lors de la rédaction des obligations de l'assuré et de la société, et du dressement des tarifs.

DE L'INCENDIE (1).

Mes recherches statistiques, pour cette branche, me donnent un chiffre de 140 milliards de valeurs assurables contre l'incendie ;

Un chiffre moyen annuel de 22 millions de sinistres,

(1) L'État n'admet pas cette nature de sinistres dans son projet d'assurances mutuelles.

Et une prime moyenne de 0 fr. 16 c. pour mille francs, appliquée sur 140 milliards pour pouvoir payer les sinistres.

Les 22 millions de sinistres se décomposent ainsi qu'il suit ;

Par les demandes de secours à l'État.	12,600,000 fr.
Payés par les compagnies à primes fixes.	6,500,000
Payés par les sociétés mutuelles, environ.	3,000,000
Total.	22,100,000 fr.

Sur ces bases, le total des sinistres serait donc de 22 millions de francs.

C'est sur une moyenne d'assurances de 13 millards 787 millions que les compagnies à primes fixes ont payé leurs 6 millions et demi de sinistres.

La moyenne de leurs primes payées par les assurés aux compagnies est de 0 fr. 90 c. par mille francs. Mais ce chiffre de 6 millions et demi, réparti sur celui de leurs assurances, aurait été soldé avec 47 CENTIMES *par mille francs.* La différence de

43 centimes qui existe entre 47 et 90 représente *les frais et les bénéfices* des compagnies; en un mot :

Les 6 millions et demi de sinistres pouvaient être soldés avec une prime moyenne pratique de 0 fr. 47 centimes p. 1,000 fr.

La proportion est à peu près la même pour les sociétés mutuelles.

Ainsi, pour cette branche d'assurance (incendie), me voici en présence de deux chiffres vrais en eux-mêmes, savoir : un chiffre *théorique* de 0 fr. 16 cent. du mille, et un chiffre *pratique* de 0 fr. 47 cent. du mille, qui, appliqués à 140 milliards, feraient supposer que le chiffre réel des sinistres est infiniment supérieur à ceux dont le chiffre a été recueilli, mais dont 0 fr. 47 cent. sont la représentation.

Certes, à la suite du rapprochement de ces deux chiffres, il y aurait imprudence à baser un tarif sur les 16 centimes; on ne pourrait le faire sans s'exposer à de grands dangers.

Pour moi, je n'hésiterais pas à baser le tarif de cette branche sur la moyenne de 47 centimes, sauf, plus tard, à réduire la proportion de la prime lorsqu'il serait justifié par la pratique que l'on peut le faire sans exposer la société.

Car il n'y aura jamais d'inconvénient à diminuer la prime : il y en aurait de sérieux si l'on était obligé d'en élever le taux après l'avoir fixé sur des bases trop faibles.

L'État ne voulant pas admettre cette branche d'assurances contre l'incendie, dans son projet d'assurances, je n'en ai fait mention ici que pour bien faire apprécier la différence qui existe entre les *calculs théoriques* et les *calculs pratiques*, et aussi parce que dans quelques instants je trouverai le moyen d'utiliser la différence qui existe entre ces deux chiffres de primes.

DE LA GRÊLE.

Pour l'assurance contre la grêle, je trouve un chiffre *assurable de 10 milliards* et *une moyenne* annuelle de *40 millions de sinistres* qui, répartis sur les 10 milliards, donne une prime annuelle moyenne de *0 fr. 40 centimes* par *100 francs*.

Le chiffre théorique est donc de 0 fr. 40 centimes p. 0/0.

Les sinistres éprouvés par les sociétés existantes, pendant dix années consécutives, ont nécessité un appel de fonds moyen.

Savoir :

Pour céréales.	Midi	2 fr. 07	Moyenne 1 fr. 60 par 100 fr.
	Nord	1 12	
Pour vignes. .	Midi	8 00	Moyenne 6 00 dito.
	Nord	4 00	
		Total.	7 60
Moyenne du Nord et du Midi réunis. .			3 80 0/0

Dans *l'Union générale*, les sinistres (moyenne de dix ans) ont coûté 3 fr. 70 c. p. 0/0, tous les risques réunis. Comme on le voit, les primes moyennes pratiques diffèrent encore ici énormément de la prime théorique, qui n'est que de 40 c. p. 0/0.

Si la moyenne fournie par la pratique est si différente des autres, la cause en est due, comme pour l'incendie, à ce que ce sont toujours les risques dangereux qui s'assurent les premiers, ou qui le font en plus grand nombre, ce qui est la même chose.

Il faut donc prévoir toutes ces circonstances et faire en sorte d'avoir à baisser le tarif plutôt que d'avoir à l'élever dans l'avenir.

Mais pour ce fléau, je marche en plein jour, je l'ai suffisamment étudié et expérimenté, je réponds des rapports du tarif dont il sera question plus loin.

J'ai ma carte routière de grêle, je connais les dangers propres à chaque commune de la France, et aussi la proportion de danger qu'elles ont entre elles.

Je sais ce que coûte la grêle et quelle est la prime nécessaire à réclamer pour solder tous les sinistres.

J'ai subdivisé cette prime par degrés de risque, je l'ai graduée de façon à attirer la commune qui n'est jamais frappée, sans effrayer celle qui l'est le plus, et pourtant le taux de la prime de celle-ci est en rapport avec le danger qu'elle fait courir.

Je sais également quels sont les degrés moyens de risque sur lesquels porte la masse des assurances.

Avec de telles bases on marche à coup sûr.

Mais pour le raisonnement nous sommes en présence de deux moyennes : celle théorique de 0 fr. 40 c. p. 0/0 ; celle pratique de 3 fr. 70 c. ou 3 fr. 80 c. p. 0/0, qui diffèrent comme on le voit d'une manière notable l'une de l'autre.

DE LA GELÉE.

Pour ce fléau, il n'existe nulle part des moyens de comparaison entre le chiffre théorique et le chiffre pratique, cette branche n'ayant été exploitée par aucune compagnie d'assurances.

On ne pourra arriver à avoir une base approximative que par des inductions tirées des résultats connus de la grêle.

Mes recherches statistiques me donnent pour la gelée un chiffre assurable de 6 millards;

Un chiffre moyen de sinistres annuels de près de 8 millions et demi,

Et une prime théorique de *0 fr. 14 centimes* pour *cent francs*.

En admettant que, pour cette branche d'assurances, tout se passera de même que pour celle de la grêle, tant pour l'exagération ou l'omission des demandes de secours que pour l'évaluation des valeurs assurables, on pourrait avoir une base approximative en résolvant cette proportion :

0 fr. 40 c. (prime théorique de la grêle) est à 3 fr. 70 c. (prime pratique) comme 0 fr. 14 c. (la prime théorique de la gelée) est à x, soit 1 fr. 33 c. p. 0/0.

1 fr. 33 c. p. 0/0 serait donc la prime pratique proportionnelle de la gelée.

En désignant les diverses localités exposées à la gelée, ainsi que le rapport proportionnel du danger de chacune de ces localités, et distribuant, au centime le franc sur chacun de ces dangers, la prime moyenne de 1 fr. 33 cent., on peut établir un tarif approximatif pour cette branche d'assurance.

Mais je suis convaincu que le chiffre officiel des pertes de gelée est loin d'exprimer la vérité des sinistres et je n'hésite pas à le porter dès aujourd'hui à 20 millions au moins, et à baser le tarif sur 3 fr. p. 0/0 en moyenne. Et malgré ce forcement arbitraire de la prime, il y aura encore de grandes précautions à prendre dans les conditions des règlements de la police d'assurances.

Peut-être même faudrait-il prévenir l'assuré, lors de sa déclaration d'assurance, que cette branche est plutôt une caisse mutuelle *de secours* qu'une caisse *d'assurances*.

En résumé, pour cette branche *gelée* nous nous trouvons avoir une prime théorique de 0 fr. 14 c. p. 0/0, et pour prime pratique 1 fr. 33 c. par induction, que je porte, pour être plus dans le vrai, à 3 fr. p. 0/0 au moins.

INONDATIONS.

Pour cette branche d'assurances je trouve que le chiffre assurable est de 37 milliards (1), que les sinistres, non compris 1856, sont de 15 millions et demi, et que la prime théorique est de 0 fr. 42 c. par mille francs.

Pour cette branche, comme pour celle de la gelée, on ne peut comparer la théorie avec la pratique; il n'y a eu de société d'assurances que celle de *l'Arche* qui ait essayé de pratiquer, mais sans résultats suffisants pour donner un point de comparaison (2).

(1) Je diffère ici énormément du chiffre publié par M. Le Hir, en 1857 ; il ne porte ces valeurs qu'à 8 milliards ; il est probable qu'il a omis bien des valeurs assurables, telles que : constructions, usines, fonds de terre, travaux d'art, matériel des usines, etc., etc.

(2) L'Arche a cessé de fonctionner en 1848 ; elle avait fait faire

Ce ne peut donc être que par induction que l'on pourra avoir une prime moyenne pratique, en établissant, avec l'incendie, la proportion suivante : 0 fr. 16 c. (prime théorique incendie) est à 0 fr. 47 c. (prime pratique) comme 0 fr. 42 c. (prime théorique inondation) est à x, soit 1 fr. 23 c. par mille francs.

En comprenant les sinistres de 1856 pour 100 millions dans la moyenne ci-dessus, la prime théorique serait de 0 fr. 55 c. pour mille, et la prime pratique, trouvée par induction, de 1 fr. 615, soit 1 fr. 62 c. p. °°/₀; et même avec cette prime moyenne, appliquée sur les 27 milliards assurables, cette branche de l'assurance n'aurait pu couvrir que 59 millions sur les sinistres de 1856.

On se trouve donc, pour cette branche, en présence d'une première prime théorique de 0 fr. 42 c., d'une deuxième, y compris les sinistres de 1856, de 0 fr. 55 c. p. °°/₀, et

par des. ingénieurs de très-remarquables travaux qui, quoique incomplets, peuvent être utilisés.

Ces travaux sont aujourd'hui la propriété de M. Venelle (faubourg Saint-Denis, 78, à Paris) qui, je crois, a été un des administrateurs de l'Arche. Son concours pourrait être utile pour cette branche d'assurances si peu connue au point de vue pratique.

d'une prime pratique (par induction) de 1 fr. 62 c. p. $^{00}/_{0}$.

ÉPIZOOTIES.

Pour cette branche d'assurances, je trouve un chiffre assurable de 3 milliards;

Une moyenne de sinistres de 3 millions et demi et une prime théorique de 0 fr. 12 c. p. 0/0.

Si l'on cherche la prime pratique par induction des primes de la grêle, j'aurai pour prime pratique 1 fr. 14 c. p. 0/0.

Je crois cette moyenne trop basse, je voudrais la porter à 3 p. 0/0 au moins pour rester dans le vrai.

Sur cette branche d'assurances, je n'ai aucune note claire et précise sur les opérations des deux ou trois sociétés qui ont cherché à assurer contre ce fléau; il y a eu des opérations de faites depuis plus de dix ans, on pourra donc avoir une prime pratique à opposer à la prime théorique; je ne crois pas qu'elle diffère beaucoup de mon chiffre de 3 francs.

RÉSUMÉ STATISTIQUE.

On se trouve, pour pouvoir solder les sinistres, en présence de l'emploi de deux sortes de primes moyennes, savoir :

Pour la grêle.......	une prime théorique de	0f.	40	p. 0/0
	une prime pratique de	3	70	p. 0/0
Pour la gelée.......	une prime théorique de	0	14	p. 0/0
	une prime pratique de	3	00	p. 0/0
Pour les inondations.	une prime théorique de	0	55	p. 0/00
	une prime pratique de	1	62	p. 0/00
Pour les épizooties...	une prime théorique de	0	12	p. 0/0
	une prime pratique de	3	00	p. 0/0

Du choix que l'on fera parmi ces primes moyennes et de leur juste pondération entre tous les degrés de risques courus par les valeurs assurées, dépendra l'avenir de la caisse d'assurances mutuelles qui va être autorisée par S. M. l'Empereur. Il est donc de la plus haute importance que ce choix soit fait judicieusement.

Je vais chercher à faciliter ce choix en fournissant aux hommes spéciaux mes notes et mes observations pratiques et théoriques sur ces matières.

CHAPITRE HUITIÈME

Des Tarifs applicables aux Assurances par l'État.

L'avenir d'une assurance, soit à primes fixes, soit mutuelle, repose entièrement sur son tarif, je le répète en tête de ce chapitre.

Si un tarif est trop élevé, c'est-à-dire si la prime que l'on demande à l'assuré dépasse le danger couru, il devient prohibitif pour la plupart des cultivateurs.

Si, nonobstant son exagération, il est admis par plusieurs, il devient une cause de bénéfices exagérés pour une compagnie à primes fixes, et il constitue pour une société mutuelle des fonds de réserves inutiles et onéreux pour les assurés, tout en diminuant le nombre des assurances.

Si le tarif d'une société est trop faible, au contraire, il ne représente plus le chiffre des pertes qu'il était appelé à couvrir et ne permet de donner que des à-compte aux sinistrés : il n'y a plus d'*assurance*, car le mot signifie indemnité complète ; il ne reste qu'une *Caisse de secours*, ou alors son titre serait menteur.

Il faut donc de toute nécessité qu'un tarif de primes soit fait dans de sages limites, et il faut de plus que, dans tous ses degrés, il représente exactement la somme du danger qu'apporte avec elle la chose assurée, soit par sa position, soit par les causes de destruction que son voisinage ou que son emploi pourrait lui faire courir.

J'ai fait connaître déjà le chiffre des pertes à réparer, la somme totale qui en masse est appelée à contribuer à la réparation des pertes éprouvées ; j'ai désigné le centime le franc que l'on doit appliquer pour couvrir l'impôt des sinistres.

Si l'on appliquait ces divers centimes le franc comme prime unique aux divers capitaux assurables, on pourrait certainement solder tous les sinistres, mais dans ces conditions, ce centime le franc serait exorbitant pour celui qui est peu ou pas exposé à être sinistré, tandis que, pour d'autres assurés, il constituerait un véritable bénéfice, car ces assurés recevraient de cette façon plusieurs capitaux pour un.

Pour éviter ces injustices et ces dangers, il faut donc répartir les charges générales suivant les risques de chacun et de chaque chose.

TARIFS DE LA BRANCHE GRÊLE.

Les valeurs assurables contre la grêle sont diversement susceptibles d'être endommagées par ce fléau. Quelques-unes sont plus longtemps exposées à ses ravages, d'autres sont plus ou moins délicates et par conséquent plus facilement endommagées ; elles peuvent être, en outre, très-longtemps exposées au fléau.

Les divers dangers de nature de ces récoltes peuvent encore être aggravés par le danger de la localité où elles sont placées.

Par exemple, un champ de colza placé dans une zone où la grêle passe dix fois en vingt ans, est certainement dix fois plus exposé qu'un autre champ de colza placé dans une zone où la grêle n'a l'habitude de passer qu'une seule fois dans ce même laps de temps.

C'est cette subdivision du danger que j'ai nommée RISQUE DE SITUATION, ayant pour base la circonscription communale dont je puis me dire l'inventeur.

Pour le *risque de nature*, l'expérience m'a démontré qu'il suffisait de subdiviser les récoltes en cinq classes.

J'ai divisé le *risque de situation* en seize degrés, parce qu'il y a des communes qui, en vingt ans, sont frappées 16 fois, et que chaque passage de grêle constitue un degré de risque dans l'échelle ascendante de mon tarif.

CLASSEMENT PAR NATURE.

La 1re classe, la moins taxée, comprend les prairies en général, les tuberculeux, les bois taillis au-dessus de cinq ans et les toitures en tuile.

La 2e comprend toutes les céréales, sauf

celles comprises dans la 3e classe, les pépinières, les bois taillis au-dessous de cinq ans, les toitures en ardoises.

La 3e, les sarrasins et les maïs, tous les légumineux, les semis d'arbres et d'arbustes, les vitrages des habitations et autres à position verticales, non exposés au sud ni au sud-ouest, et les plantes oléagineuses.

La 4e, tous les fruits, les cloches de verre et les autres vitraux non compris dans la 3e classe, pour toitures et autres.

La 5e classe comprend, enfin, les vignes, les olives, les houblons, oseraies et les tabacs.

CLASSEMENT PAR SITUATION.

Pour le risque de situation, la commune est prise pour base définitive de la classification du risque.

Chaque degré du risque est établi d'après le nombre des événements survenus dans chaque commune pendant une période de vingt années consécutives.

Les degrés sont au nombre de seize.

Le premier degré comprend toutes les communes qui pendant vingt années consécutives n'ont éprouvé aucun événement de grêle.

Le deuxième degré comprend toutes les communes grêlées une fois pendant ces vingt ans.

Le troisième degré, celles frappées deux fois.

Le quatième degré, celles frappées trois fois.

Ainsi de suite jusqu'au seizième, où sont rangées les communes frappées quinze fois et plus dans l'espace de vingt années consécutives.

NOTA. Le tableau des degrés de primes ci-après, appliqué aux risques réunis de nature et de situation, serait trop modéré pour une société d'assurances ordinaires ; mais il suffira largement pour celles faites par l'État, parce qu'il s'appliquera dès la 1re année à des masses considérables.

GRÊLE.

TARIF DES PRIMES

CLASSES DES RÉCOLTES OU OBJETS A ASSURER.	CATÉGORIE DES RISQUES.															
	1er DEGRÉ.	2e DEGRÉ.	3e DEGRÉ.	4e DEGRÉ.	5e DEGRÉ.	6e DEGRÉ.	7e DEGRÉ.	8e DEGRÉ.	9e DEGRÉ.	10e DEGRÉ.	11e DEGRÉ.	12e DEGRÉ.	13e DEGRÉ.	14e DEGRÉ.	15e DEGRÉ.	16e DEGRÉ.
1re CLASSE......	» 25	» 40	» 55	» 70	» 85	1 »	1 15	1 30	1 45	1 60	1 75	1 90	2 05	2 20	2 35	2 50
2e CLASSE......	» 50	» 75	1 »	1 25	1 50	1 75	2 »	2 25	2 50	2 75	3 »	3 25	3 50	3 75	4 »	4 25
3e CLASSE......	» 80	1 »	1 30	1 60	1 90	2 20	2 50	2 80	3 12	3 40	3 70	4 »	4 30	4 60	4 90	5 20
4e CLASSE......	1 30	1 80	2 30	2 80	3 30	3 80	4 30	4 80	5 30	5 80	6 30	6 80	7 30	7 80	8 30	8 80
5e CLASSE......	2 »	2 75	3 50	4 25	5 »	5 75	6 50	7 25	8 »	8 75	9 50	10 25	11 »	11 75	12 50	13 25

Il serait utile d'ajouter, sur les quittances faites sur ce Tarif, 3 ou 4 p. °/o sur les sommes à recouvrer, pour couvrir l'État des frais d'administration de la Société.

Ce tarif est facile à comprendre et à appliquer. L'agent, qui connaît déjà le degré de la commune où il doit opérer, voit d'un simple coup d'œil les primes qui s'appliquent à l'assurance qu'il fait. Ainsi, opère-t-il dans une commune de septième risque? il voit immédiatement que les récoltes de la première classe doivent payer 1 fr. 15 c.; que les vignes de cette commune doivent payer 6 fr. 50 c., parce qu'elles sont comprises dans la cinquième classe des récoltes.

Il en est de même pour chaque degré de risque.

Réflexions sur le Tarif proposé par M. Le Hir.

Je crois qu'il est utile ici, dans l'intérêt commun et celui des assurances par l'État, que je fasse quelques réflexions au sujet du tarif que présente M. Le Hir, *dans sa brochure des assurances par l'État, 1857;* car ce tarif, fait sur des idées toutes théoriques, compromettrait gravement l'institution s'il était adopté.

Mes réflexions ne m'étant suggérées que dans un but d'intérêt public, je prie M. Le Hir de ne pas se formaliser de ma critique : elle n'a rien de personnelle.

M. Le Hir dit avoir créé son tarif dans le but *d'alléger les localités, pas* ou *peu frappées*, dans un temps donné, *afin de les attirer à l'assurance;* c'est une bonne pensée que partagent du reste toutes les personnes qui se sont préoccupées des assurances. Je suis parfaitement de son avis, quant au principe; mais je crois que son tarif ne remplirait pas le but qu'il se propose, et que, loin de là, il produirait un effet tout contraire.

M. Le Hir ignore sans doute, et cela lui est bien permis, que le seul moyen, *en mutualité*, d'alléger les risques les moins exposés, consiste à faire payer aux risques les plus exposés des primes exactement en rapport avec le danger qui leur est propre; de telle sorte que le chiffre produit par leurs primes annuelles doit être calculé de façon à pouvoir couvrir en moyenne, dans un temps donné, le montant des sinistres qu'ont fait éprouver ces risques dangereux. En un mot, il faut graduer son tarif de manière que, dans un certain laps d'année, chaque risque ou catégorie de risque ait pu se suffire à lui-même. C'est de cette façon-là que la commune rarement frappée, n'ayant plus à payer que quelques frais généraux, se trouve être allégée.

Le tarif de M. Le Hir est bien loin de promettre ce résultat.

Ainsi, par exemple, je lui demanderai sur quelles *ressources* il compte pour *payer les sinistres vignes* des assurés de *son vingtième* risque. Il ne leur réclame que *3 fr. 15 c. pour 100 fr.* Ces assurés SONT SINISTRÉS DOUZE FOIS EN VINGT OU VINGT-CINQ ANS, soit *une* fois *tous les* DEUX ANS, *et pourtant il faudra trente-deux ans à ces assurés* pour pouvoir, à l'aide de leur prime, assembler une masse de **100** fr., c'est-à-dire la valeur d'une seule année de récolte.

Or, est-il possible d'admettre que la grêle *tombant* régulièrement *sur la même vigne* DOUZE FOIS *en vingt-cinq ans*, c'est-à dire SEIZE FOIS EN TRENTE-DEUX ANS, *n'aura ravagé dans* CES SEIZE PASSAGES *que la valeur totale* D'UNE SEULE RÉCOLTE?... Qui payera les sinistres?...

Dans mes statuts de l'Union générale, j'avais trouvé que ce même risque (en le comparant à l'importance des pertes) exposait l'assuré à une *perte totale d'une récolte tous les trois ou quatre ans*, et mon tarif était dressé en conséquence.

Je sais bien que lorsqu'on opère sur les masses, il se trouve des compensations, mais toujours est-il *qu'il faut rigoureusement* que L'ENSEMBLE DES RESSOURCES RÉELLES, dans un temps donné, soit TOUJOURS SUFFISANT pour faire face à tout, et que ce n'est qu'en réclamant de chacun la *somme du danger qui lui est propre* que la masse totale pourra être suffisante.

Avec le tarif de M. Le Hir, l'État ne donnerait certainement pas de 15 à 20 p. °/₀ aux sinistrés les premières années, et tout au plus de 30 à 50 p. °/₀ en moyenne plus tard.

Je me rappelle avoir appris dans l'Écriture Sainte : *que de rien Dieu fit le monde*, et qu'avec ce rien il fit bien des choses.

M. Le Hir trouve, lui, le moyen de créer 8 degrés de risques différents entre deux communes qui n'ont l'une et l'autre *jamais été atteintes par la grêle*, et il fait payer 4 centimes à l'une, 6 à l'autre, 8 à celle-ci, 10 à celle-là et ainsi de suite, et enfin 18 centimes à sa dernière subdivision des communes *frappées 0 fois*, et cela sous le prétexte que telle commune *non frappée* est entourée d'autres communes *non frappées;* que telle autre, qui n'a *jamais été grêlée,* se trouve entourée de communes plus ou moins grêlées, et parce que sa huitième commune, *toujours non frappée* de grêle, se trouve être entourée de communes sinistrées plus de sept fois.

Mais je demanderai à M. Le Hir pourquoi s'arrêter aux communes non frappées? Est-ce que celles grêlées *une fois* ne sont pas exactement dans le même cas que celles qui ne l'ont pas été? Et, s'il veut être conséquent, pourquoi ne fait-il pas payer une plus forte prime aux communes frappées une fois, deux fois, trois fois, etc..., eu égard aussi à leur entourage?

Si une commune épargnée jusqu'à ce jour est plus exposée lorsqu'elle est entourée de communes dangereuses, certainement celle qui a éprouvé un événement de grêle a plus de chance d'être frappée deux fois, si elle est aussi entourée de communes plus dangereuses qu'elle. Ainsi M. Le Hir aurait à refaire son tarif.

Mais j'ai déjà prouvé que si une commune n'a pas été frappée par la grêle durant une période de vingt à vingt-cinq ans, c'est qu'elle était protégée par des coteaux, des forêts ou des montagnes et que cette protection lui était particulière et toute personnelle. Et ce n'est pas parce que telle commune préservée se trouvera entourée d'autres communes souvent frappées que cette commune aura plus de chances de l'être elle-même ; car, je le déclare, elle ne sera jamais frappée *tant que l'obstacle qui la protége d'*HABITUDE *continuera de la préserver*.

Mais il restera évident, en admettant pour un instant la subdivision de M. Le Hir, que la commune *non frappée* ENTOURÉE de communes *très-souvent frappées,* qu'il classe *au degré le plus élevé,* serait mal classée. Et, en effet, c'est le contraire qu'il serait logique de suivre, car une commune qui est restée vingt-cinq ans au milieu du danger a bien mieux fait ses preuves que celle qui est isolée au milieu d'autres communes non frappées.

Et il y a bien plus à parier que cette commune, restée vierge au milieu du danger, continuera à conserver sa virginité plus longtemps que la commune qui n'a eu à subir aucun combat de voisinage. Il faudrait donc au moins renverser l'ordre établi par M. Le Hir en prenant les communes classées 8, 7, 6, pour les placer aux degrés nos 1, 2, 3. Mais une autre observation :

M. Le Hir, dans son tableau de primes, ne fait figurer aux nos 9, 10, 11 et jusqu'à 20 que des communes frappées une fois, deux, trois, quatre et enfin douze fois. Je ne comprends pas qu'après avoir trouvé le moyen de subdiviser en 8 degrés différents le danger comparatif de deux communes, toutes deux préservées contre la grêle, il fait payer des primes uniformément semblables aux communes frappées douze fois, treize, quatorze, quinze, seize et même dix-sept fois en vingt ou vingt-cinq ans. Certes, ce sont bien au contraire ces communes dangereuses qu'il importe de connaître pour les visiter les dernières, ou si on vient promptement à leur secours pour leur demander des contributions aux charges mutuelles *dans la proportion des dangers qu'elles apportent*.

Dans ce même tableau de primes, M. Le Hir explique que dans les chiffres qu'il fait ressortir dans chaque case se trouvent compris les frais généraux ou d'administration, qu'il a dit plus haut devoir être de 0 FR. 05 CENTIMES, et pourtant il ne réclame en tout que 0 FR. 04 CENTIMES à la commune de son *premier degré* pour les récoltes de première classe ; de sorte que cette catégorie d'assurances non-seulement ne fournirait rien pour les sinistres, mais ne payerait même pas ses frais d'administration et constituerait pour la société, chaque année, un sinistre permanent en dehors de celui de la grêle, si cette commune venait à être frappée. — Enfin, je termine cette critique en signalant la progression des primes adoptées par M. Le Hir dans son tarif, car cette progression, entre ces différents degrés de risques de situation, n'est pas plus logique dans cette partie que dans celle signalée plus haut.

En effet, du moment qu'il admet *une différence de* 14 CENTIMES entre DEUX communes qui N'ONT JAMAIS ÉTÉ FRAPPÉES ou qui ne le seront peut-être qu'une fois tous les cinquante ans, comment ne met-il que 2 CEN-

TIMES de différence entre la commune frappée UNE FOIS et celle frappée DEUX FOIS, et toujours 2 centimes pour chacun des autres événements de grêle? Certes, une commune qui est appelée à *réclamer, deux fois plus souvent* qu'une autre, une indemnité à la société dans un même laps de temps, doit faire courir à cette société pour *plus de 2 centimes de danger par an.*

J'ai admis *pour cette même classe* une progression de 15 centimes; je crois que cette progression est encore bien modérée.

On a vu plus haut pour la grêle que la moyenne des primes pratiques pour les céréales du nord et du midi était de 1 fr. 60 c. p. 100 et, pour les vignes, de 6 fr. p. 100.

Le tarif de M. Le Hir ne taxe qu'à 1 fr. 45 c. les céréales au vingtième risque, celui le plus élevé; et les vignes à 3 fr. 15 c. au lieu de 1 fr. 60 c. et de 6 fr. p. 100 qu'il faudrait prévoir pouvoir être nécessaires en moyenne pour solder les sinistres surtout pendant les premières années de la mise en pratique de la Caisse d'assurances mutuelles créée par l'État; ces primes moyennes ne sont même pas prévues dans les risques les plus élevés de son tableau.

En résumé, je crois que le tarif de M. Le Hir exposerait l'État et aussi les assurés sinistrés à de fâcheux mécomptes de nature à compromettre l'avenir de l'institution.

TARIFS DE LA BRANCHE GELÉE.

Il ne gèle pas dans tous les départements, du moins il n'y gèle pas à des époques où ce fléau pourrait être désastreux pour les fruits et les récoltes.

Ainsi, dans mes états généraux de statistique, je trouve treize départements où il ne gèle pas de façon à produire des pertes sensibles,

Ce sont : Calvados, Cher, Eure, Finistère, Indre, Haute-Marne, Nord, Pas-de-Calais, Puy-de-Dôme, Basses-Pyrénées, Somme, Vosges, Yonne.

J'en trouve d'autres qui n'ont été frappés

qu'une seule fois en vingt ans; ils sont au nombre de neuf:

Allier, Ardennes, Eure-et-Loir, Indre-et-Loire, Meurthe, Mozelle, Hautes-Pyrénées, Seine, Deux-Sèvres.

Mais si ces deux catégories de départements sont privilégiées, il en est d'autres qui ne jouissent pas du même privilége; de ce nombre sont les suivants : les Bouches-du-Rhône, le Gard, l'Hérault, qui, à eux trois, ont eu à supporter, en vingt ans, pour plus de 74 millions de francs de sinistres de gelées; les Bouches-du-Rhône y figurent pour 34 millions.

Il y en a douze qui ont été atteints de dix à dix-huit fois en vingt ans.

La gelée, ainsi que la grêle, provient des dispositions atmosphériques, et l'électricité y joue également un grand rôle.

Et de même que, pour la grêle, il y a des contrées qui sont plus exposées à la gelée les unes que les autres; que ce fait provienne d'un dérangement subit dans la température locale d'une contrée, ou que sa cause en soit due au voisinage de certains ruisseaux ou de certaines fontaines qui maintiennent plus que les autres des vapeurs d'eau en condensation, le fait n'en existe pas moins quoique, pourtant, les causes de gelées soient moins locales que les passages de grêle.

Ce sont ces derniers motifs qui me portent à croire qu'il n'est pas nécessaire, pour la gelée, de fractionner le risque de ce fléau jusqu'à la circonscription communale.

Je crois, pour cette branche d'assurance, qu'en classant chaque département en raison combinée du chiffre de ses sinistres avec le nombre de fois qu'il a été atteint, on aurait le danger moyen proportionnel de chacun d'eux, et que, sur cette moyenne proportionnelle, l'on pourrait baser les primes d'une assurance en toute justice.

Et, adoptant cette base pour asseoir les primes de la gelée, j'ai commencé par multiplier les chiffres des sinistres de vingt années d'un département par le nombre des événements qu'il a éprouvés pendant ce laps de temps ; j'en ai divisé le produit par vingt années.

J'ai ainsi ramené chaque département à son unité de risque, ce qui m'a donné d'une manière exacte le rapport proportionnel, ou la part du danger couru par chacun d'eux.

Puis, pour trouver quelle était la prime due par chaque département en raison du danger qu'il apportait aux autres, j'ai additionné tous les rapports proportionnels de chaque département; j'ai trouvé le chiffre total de 7,502 parts que j'ai divisé par le chiffre général de pertes, c'est-à-dire par 20 millions; j'ai trouvé que la part en francs était, pour chaque degré de risque, de 2,679 fr. 30 c., soit 2,680 francs.

Avec ce chiffre de 2,680 francs, j'ai l'unité *d'une part de perte* éprouvée, élevée au degré du danger couru par l'ensemble des départements.

Ainsi, en multipliant ce chiffre de 2,680 fr. par le nombre des parts proportionnelles afférentes à chaque département, l'on aura, en francs et centimes, le danger moyen de chacun d'eux.

C'est ainsi que j'ai établi mon tarif.

Ainsi, par exemple, prenant le département de la Charente-Inférieure, on voit par le tableau ci-après que ses parts proportionnelles de sinistres sont de 117; je les multiplie par 2,680, et je trouve que ce département doit contribuer chaque année, pour sa part moyenne des charges sociales, pour 313,560 francs ; puis, répartissant ce chiffre sur les valeurs assurables de ce département, qui sont de 103,920,564 francs, je me trouve avoir la prime exacte, ou centime le franc, que doit payer ce département par chaque 1,000 francs de valeurs assurées, et cette prime est de 3 franc 02 cent. par 1,000 francs.

Mais les récoltes, par leur nature, étant diversement exposées à être gelées, je les ai divisées en cinq classes :

La première comprend les céréales d'hiver et les plantes tuberculeuses.

La deuxième, les légumes ordinaires et les semences du printemps.

La troisième, les fruits en général et les légumes qui restent exposés à l'intempérie de l'hiver.

La quatrième, les vignes, houblons, plantes d'agrément et jeunes arbustes.

La cinquième, les primeurs de toute nature, les plantes et fruits oléagineux.

Les primes moyennes seront divisées, dans chaque département, en raison de la nature des récoltes, dans la proportion suivante :

La prime moyenne de la Charente-Inférieure étant de 3 fr. 02 c., je l'ai fixée :

Pour la première classe, à 75 centimes ; pour la deuxième, à 1 fr. 50 c.; pour la troisième, 3 francs; la quatrième, 4 fr. 50 c., et la cinquième, 6 francs par 1,000 francs, dont la moyenne générale est 3 fr. 15 c., qui se trouve être un peu forcée, ayant voulu éviter le trop grand fractionnement des centimes, qui eût compliqué les calculs de l'employé chargé de faire l'assurance.

J'ai opéré ainsi pour chaque département.

On comprendra que des travaux du genre de ceux dont je viens de donner un aperçu pour trouver le chiffre de la prime due par un département, n'ont pas à se renouveler de longtemps; je ne suis entré dans ces détails que pour justifier de la valeur du chiffre de mes tarifs.

Certes un propriétaire à qui une société, faite ainsi que je désirerais qu'elles fussent toutes, vient demander une prime de 50 centimes pour 100 francs, par exemple, pour son assurance, ne se doute pas ce qu'a coûté d'études et de travaux la fixation de la prime qu'on lui réclame pour sa quote part de contributions, au payement des millions de sinistres qu'il faut solder chaque année. En effet, il faut que sa prime soit la représentation exacte des chances de pertes qu'il fait courir à l'ensemble de ses coassurés, comme il faut aussi, en échange, qu'elle suffise, pour sa quote part, à couvrir les sinistres éprouvés par ces mêmes coassurés.

Il est à remarquer, dans le tableau ci-après, que généralement les départements maritimes du nord et de l'ouest sont moins exposés à la gelée ; il en est de même de ceux à surface calcaire : cela provient probablement de ce que les terrains de ces départements, contenant une grande quantité de sels en état de dissolution et de fermentation, sont entretenus dans une chaleur heureusement combinée pour les préserver de la gelée, et que les terrains surchargés de matières calcaires, étant généralement plus secs, donnent moins de prises aux formations de la gelée.

J'en conclurais assez volontiers que si, dans les terres froides et humides, plus exposées que les autres à éprouver des pertes de gelées, on employait comme engrais la chaux et le plâtre, on finirait par paralyser, en partie, les effets du fléau sur beaucoup de récoltes.

Il y aurait des études bien intéressantes à faire, au point de vue de l'intérêt général et de la science, sur tous ces phénomènes et sur les causes locales qui les engendrent, les attirent ou les dirigent.

J'ai sacrifié beaucoup d'argent à ces études; mais que pouvaient une petite fortune privée et les forces d'un seul homme?

Si mon expérience théorique et pratique était utilisée, je demanderais au gouvernement les moyens de continuer mes recherches, et je suis certain qu'elles produiraient de grands résultats.

En résumé, la classification que je viens de donner fixe la proportion du danger couru par chaque département et, par suite, le taux de la prime annuelle.

Cette prime se subdivise ensuite par département, sur chaque classe de récoltes, en raison du plus ou moins de susceptibilité de chacune d'elles, ainsi qu'il suit :

TABLEAU COMPARATIF

DES RISQUES DÉPARTEMENTAUX

ET

Tarif des Primes contre la Gelée.

NOMS des DÉPARTEMENTS	VALEURS ASSURABLES	SINISTRES éprouvés EN 20 ANS	NOMBRE des sinistres	DANGERS proportionnels	PRIMES MOYENNES (1)	PRIMES par nature DE RÉCOLTES	
Ain................	59,864,000	300,672	2	3	0 34 p. 00/0	1re Classe.	» 10
						2e —	» 17
						3e —	» 34
						4e —	» 50
						5e —	» 75
Aisne	116,640,665	172,121	6	5	0 32 p. 00/0	1re Classe.	» 10
						2e —	» 16
						3e —	» 32
						4e —	» 50
						5e —	» 75
Allier	43,574,947	3,982	1	1/10	0 25 p. 00/0	1re Classe.	» 10
						2e —	» 15
						3e —	» 25
						4e —	» 40
						5e —	» 80
Alpes (Basses)......	35,556,539	6,441,545	18	580	4 37 p. 0/0	1re Classe.	2 »
						2e —	3 »
						3e —	4 30
						4e —	5 50
						5e —	7 »
Alpes (Hautes)......	25,848,567	1,756,899	14	123	1 28 p. 0/0	1re Classe.	» 50
						2e —	» 70
						3e —	1 30
						4e —	2 »
						5e —	3 »
Ardèche...........	40,372,326	1,381,297	12	83	5 71 p. 00/0	1re Classe.	1 50
						2e —	2 80
						3e —	5 70
						4e —	7 55
						5e —	9 »
Ardennes...........	64,399,926	26,820	1	1/10	0 25 p. 00/0	1re Classe.	» 10
						2e —	» 15
						3e —	» 25
						4e —	» 40
						5e —	» 80

(1) Voir le NOTA à la fin du tableau.

NOMS des DÉPARTEMENTS	VALEURS ASSURABLES	SINISTRES éprouvés EN 20 ANS	NOMBRE des sinistres.	DANGERS proportionnels.	PRIMES MOYENNES	PRIM par natu DE RÉGOI	
Ariége	38,080,745	388,908	4	8	0 77 p. °°/o	1re Classe.	
						2e —	
						3e —	
						4e —	
						5e —	
Aube	64,350,376	233,986	4	5	0 51 p. °°/o	1re Classe.	
						2e —	
						3e —	
						4e —	
						5e —	
Aude	58,442,401	7,821,539	5	196	0 90 p. °/o	1re Classe.	
						2e —	
						3e —	
						4e —	
						5e —	
Aveyron	54,238,672	1,774,694	8	71	3 71 p. °°/o	1re Classe.	
						2e —	
						3e —	
						4e —	
						5e —	
Bouches-du-Rhône	64,156,367	34,479,700	8	1379	5 76 p. °/o	1re Classe.	
						2e —	
						3e —	
						4e —	
						5e —	
Calvados	107,797,491	»	»	»	0 20 p. °°/o	1re Classe.	
						2e —	
						3e —	
						4e —	
						5e —	
Cantal	35,377,310	759,740	7	27	2 25 p. °°/o	1re Classe.	
						2e —	
						3e —	
						4e —	
						5e —	
Charente	73,240,901	16,675	2	1/10	0 25 p. °°/o	1re Classe.	
						2e —	
						3e —	
						4e —	
						5e —	
Charente-Inférieure	103,920,564	3,329,605	7	117	3 22 p. °°/o	1re Classe.	
						2e —	
						3e —	
						4e —	
						5e —	
Cher	62,565,601	»	»	»	0 20 p. °°/o	1re Classe.	
						2e —	
						3e —	
						4e —	
						5e —	
Corrèze	48,463,495	4,196,756	9	189	10 66 p. °°/o	1re Classe.	
						2e —	
						3e —	1
						4e —	1
						5e —	2

NOMS des DÉPARTEMENTS	VALEURS ASSURABLES	SINISTRES éprouvés EN 20 ANS	NOMBRE des sinistres	DANGERS proportionnels.	PRIMES MOYENNES	PRIMES par nature DE RÉCOLTES	
Corse...............	28,585,827	232,496	3	3	0 48 p. °°/o	1re Classe.	» 12
						2e —	» 25
						3e —	» 50
						4e —	» 75
						5e —	1 »
Côte-d'Or...........	109,459,216	988,496	8	40	1 20 p. °°/o	1re Classe.	» 30
						2e —	» 60
						3e —	1 20
						4e —	1 80
						5e —	3 »
Côtes-du-Nord	88,828,027	2,545	3	1/10	0 25 p. °°/o	1re Classe.	» 10
						2e —	» 15
						3e —	» 25
						4e —	» 40
						5e —	» 80
Creuse	33,805,589	1,180,164	3	18	1 63 p. °°/o	1re Classe.	» 40
						2e —	» 80
						3e —	1 60
						4e —	2 40
						5e —	3 20
Dordogne	93,580,392	2,246,389	11	124	3 76 p. °°/o	1re Classe.	» 90
						2e —	1 85
						3e —	3 70
						4e —	5 50
						5e —	7 »
Doubs..............	50,923,827	1,407,652	9	63	3 52 p. °°/o	1re Classe.	» 85
						2e —	1 75
						3e —	3 50
						4e —	5 25
						5e —	7 50
Drôme	69,988,762	2,584,129	12	155	6 15 p. °°/o	1re Classe.	1 50
						2e —	3 05
						3e —	6 15
						4e —	9 »
						5e —	12 »
Eure	119,504,712	»	»	»	0 20 p. °°/o	1re Classe.	» 05
						2e —	» 20
						3e —	» 20
						4e —	» 30
						5e —	» 50
Eure-et-Loir	102,675,665	1,657,111	1	8	0 41 p. °°/o	1re Classe.	» 15
						2e —	» 20
						3e —	» 40
						4e —	» 65
						5e —	1 »
Finistère	87,314,676	»	»	»	0 20 p. °°/o	1re Classe.	» 05
						2e —	» 10
						3e —	» 10
						4e —	» 30
						5e —	» 50
Gard...............	71,765,725	15,975,094	7	559	2 08 p. °/o	1re Classe.	» 50
						2e —	1 »
						3e —	2 10
						4e —	3 »
						5e —	4 50

NOMS des DÉPARTEMENTS	VALEURS ASSURABLES	SINISTRES éprouvés EN 20 ANS	NOMBRE des sinistres.	DANGERS proportionnels.	PRIMES MOYENNES	PRIMES par nature DE RÉCOLT
Garonne (Haute)....	97,292,081	98,668	2	1	0 30 p. °°/o	1re Classe.
						2e —
						3e —
						4e —
						5e —
Gers	73,373,751	136,795	3	2	0 35 p. °°/o	1re Classe.
						2e —
						3e —
						4e —
						5e —
Gironde............	101,506,267	9,235,917	6	277	7 52 p. °°/o	1re Classe.
						2e —
						3e —
						4e —
						5e —
Hérault	68,088,415	24,334,668	17	1703	6 71 p. °/o	1re Classe.
						2e —
						3e —
						4e —
						5e —
Ille-et-Vilaine......	74,482,850	248,556	7	8	0 49 p. °°/o	1re Classe.
						2e —
						3e —
						4e —
						5e —
Indre	53,760,240	»	»	»	0 20 p. °°/o	1re Classe.
						2e —
						3e —
						4e —
						5e —
Indre-et-Loire	72,956,030	630,561	1	3	0 30 p. °°/o	1re Classe.
						2e —
						3e —
						4e —
						5e —
Isère...............	128,825,010	511,909	8	20	0 61 p. °°/o	1re Classe.
						2e —
						3e —
						4e —
						5e —
Jura	58,192,280	799,383	9	36	1 86 p. °°/o	1re Classe.
						2e —
						3e —
						4e —
						5e —
Landes.............	37,159,938	3,060,057	11	337	2 40 p. °/o	1re Classe.
						2e —
						3e —
						4e —
						5e —
Loir-et-Cher	52,310,945	247,880	3	4	0 40 p. °°/o	1re Classe.
						2e —
						3e —
						4e —
						5e —

NOMS des DÉPARTEMENTS	VALEURS ASSURABLES	SINISTRES éprouvés EN 20 ANS	NOMBRE des sinistres.	DANGERS proportionnels.	PRIMES MOYENNES	PRIMES par nature DE RÉCOLTES	
Loire	42,150,915	486,858	8	19	1 41 p. °°/₀	1re Classe.	» 35
						2e —	» 70
						3e —	1 40
						4e —	2 10
						5e —	3 »
Loire (Haute)	47,023,097	764,697	10	38	2 37 p. °°/₀	1re Classe.	» 60
						2e —	1 20
						3e —	2 40
						4e —	3 60
						5e —	5 »
Loire-Inférieure	81,365,252	108,697	3	2	1 30 p. °°/₀	1re Classe.	» 12
						2e —	» 15
						3e —	» 30
						4e —	» 45
						5e —	» 90
Loiret	39,534,816	3,625,413	8	145	9 85 p. °°/₀	1re Classe.	2 40
						2e —	4 90
						3e —	9 85
						4e —	14 70
						5e —	19 »
Lot	44,385,503	1,862,986	10	93	5 83 p. °°/₀	1re Classe.	1 40
						2e —	2 80
						3e —	5 80
						4e —	8 40
						5e —	11 »
Lot-et-Garonne	63,842,700	350,757	4	7	0 50 p. °°/₀	1re Classe	» 15
						2e —	» 25
						3e —	» 50
						4e —	» 80
						5e —	1 50
Lozère	20,153,129	680,958	10	34	4 70 p. °°/₀	1re Classe.	1 »
						2e —	2 35
						3e —	4 70
						4e —	7 »
						5e —	9 »
Maine-et-Loire	89,125,594	558,501	4	11	0 55 p. °°/₀	1re Classe.	» 15
						2e —	0 30
						3e —	» 55
						4e —	» 85
						5e —	1 30
Manche	107,586,383	15,203	3	2/10	0 30 p. °°/₀	1re Classe.	» 12
						2e —	» 15
						3e —	» 30
						4e —	» 45
						5e —	» 90
Marne	16,775,222	244,280	9	11	1 96 p. °°/₀	1re Classe.	» 45
						2e —	» 95
						3e —	1 95
						4e —	2 80
						5e —	4 »
Marne (Haute)	51,975,298	»	»	»	0 20 p. °°/₀	1re Classe.	» 05
						2e —	» 10
						3e —	» 20
						4e —	» 30
						5e —	» 50

NOMS des DÉPARTEMENTS	VALEURS ASSURABLES	SINISTRES éprouvés EN 20 ANS	NOMBRE des sinistres.	DANGERS proportionnels.	PRIMES MOYENNES	PRIMES par nature DE RÉCOLTES	
Mayenne	51,405,158	308,979	4	6	0 52 p. °°/o	1re Classe.	» 1
						2e —	» 2
						3e —	» 5
						4e —	» 8
						5e —	1 5
Meurthe	93,565,000	400,000	1	2	0 30 p. °°/o	1re Classe.	» 1
						2e —	» 1
						3e —	» 3
						4e —	» 4
						5e —	» 9
Meuse	69,010,875	3,330	2	1/10	0 25 p. °°/o	1re Classe.	» 1
						3e —	» 1
						3e —	» 2
						4e —	» 4
						5e —	» 8
Morbihan	67,985,845	226,008	16	18	0 91 p. °°/o	1re Classe.	» 2
						2e —	» 4
						3e —	» 9
						4e —	1 4
						5e —	2 5
Moselle	72,081,512	313,852	1	2	0 30 p. °°/o	1re Classe.	» 1
						2e —	» 1
						3e —	» 3
						4e —	» 4
						5e —	» 9
Nièvre	52,645,576	1,169,233	6	35	1 98 p. °°/o	1re Classe.	» 4
						2e —	» 9
						3e —	1 9
						4e —	2 9
						5e —	3 6
Nord	174,570,092	»	»	»	0 20 p. °°/o	1re Classe.	» 0
						2e —	» 1
						3e —	» 2
						4e —	» 3
						5e —	» 5
Oise	117,477,940	470,379	3	7	0 36 p. °°/o	1re Classe.	» 1
						2e —	» 1
						3e —	» 3
						4e —	» 5
						5e —	1 »
Orne	77,857,886	434,474	8	17	0 79 p. °°/o	1re Classe.	» 2
						2e —	» 4
						3e —	» 8
						3e —	1 2
						5e —	2 5
Pas-de-Calais	155,469,580	»	»	»	0 20 p. °°/o	1re Classe.	» 0
						2e —	» 1
						3e —	» 2
						4e —	» 3
						5e —	» 5
Puy-de-Dôme	85,877,786	»	»	»	0 20 p. °°/o	1re Classe.	» 05
						2e —	» 10
						3e —	» 20
						4e —	» 30
						5e —	» 50

NOMS des DÉPARTEMENTS	VALEURS ASSURABLES	SINISTRES éprouvés EN 20 ANS	NOMBRE des sinistres.	DANGERS proportionnels.	PRIMES MOYENNES	PRIMES par nature DE RÉCOLTES	
rénées (Basses)...	54,608,116	»	»	»	0 20 p. °°/o	1re Classe.	» 05
						2e —	» 10
						3e —	» 20
						4e —	» 30
						5e —	» 50
rénées (Hautes)..	39,720,860	1,403,000	1	7	0 67 p. °°/o	1re Classe.	» 20
						2e —	» 35
						3e —	» 65
						4e —	1 »
						5e —	2 »
rénées-Orientales.	20,608,019	1,449,712	2	14	2 00 p. °°/o	1re Classe.	» 50
						2e —	1 »
						3e —	2 »
						4e —	3 »
						5e —	4 »
hin (Bas)..........	95,389,510	2,023,264	3	30	1 04 p. °°/o	1re Classe.	» 25
						2e —	» 50
						3e —	1 05
						4e —	1 55
						5e —	2 50
hin (Haut).........	59,791,655	889,213	2	9	0 61 p. °°/o	1re Classe.	» 15
						2e —	» 30
						3e —	» 60
						4e —	» 90
						5e —	1 50
hône..............	51,839,544	4,469,827	13	291	15 20 p. °°/o	1re Classe.	3 25
						2e —	7 50
						3e —	15 20
						4e —	22 60
						5e —	30 »
aône (Haute)......	72,614,843	92,962	5	2	0 30 p. °°/o	1re Classe.	» 12
						2e —	» 15
						3e —	» 30
						4e —	» 45
						5e —	» 90
aône-et-Loire.....	99,700,967	2,633,905	7	92	2 67 p. °°/o	1re Classe.	» 65
						2e —	1 35
						3e —	2 65
						4e —	4 »
						5e —	6 »
arthe..............	76,056,987	475,935	4	10	0 55 p. °°/o	1re Classe.	» 15
						2e —	» 25
						3e —	» 55
						4e —	» 80
						5e —	1 30
Seine..............	19,278,944	7,000	1	1/10	0 25 p. °°/o	1re Classe.	» 10
						2e —	» 15
						3e —	» 25
						4e —	» 40
						5e —	» 80
Seine-Inférieure....	143,158,504	188,114	5	5	0 30 p. °°/o	1re Classe.	» 12
						2e —	» 15
						3e —	» 30
						4e —	» 45
						5e —	» 90

NOMS des DÉPARTEMENTS	VALEURS ASSURABLES	SINISTRES éprouvés EN 20 ANS	NOMBRES des sinistres.	DANGERS proportionnels.	PRIMES MOYENNES	PRIM[…] par natu[…] DE RÉCOL[…]	
Seine-et-Marne.....	115,605,194	2,407,432	5	60	1 60 p. °°/₀	1re Classe.	
						2e —	
						3e —	
						4e —	
						5e —	
Seine-et-Oise.......	136,624,473	3,551,387	7	124	2 65 p. °°/₀	1re Classe.	
						2e —	
						3e —	
						4e —	
						5e —	
Sèvres (Deux)......	59,896,955	3,060	1	1/10	0 25 p. °°/₀	1re Classe.	
						2e —	
						3e —	
						4e —	
						5e —	
Somme............	122,963,940	»	0	0	0 20 p. °°/₀	1re Classe.	
						2e —	
						3e —	
						4e —	
						5e —	
Tarn...............	66,830,289	2,143,021	7	75	3 20 p. °°/₀	1re Classe.	
						2e —	
						3e —	
						4e —	
						5e —	
Tarn-et-Garonne...	46,410,988	315,309	3	5	0 60 p. °°/₀	1re Classe.	
						2e —	
						3e —	
						4e —	
						5e —	
Var...............	78,822,897	1,718,003	9	77	2 80 p. °°/₀	1re Classe.	
						2e —	
						3e —	
						4e —	
						5e —	
Vaucluse..........	45,954,238	3,152,084	6	95	5 75 p. °°/₀	1re Classe.	[illegible]
						2e —	[illegible]
						3e —	[illegible]
						4e —	[illegible]
						5e —	[illegible]
Vendée............	78,394,319	78,789	4	2	0 30 p. °°/₀	1re Classe.	»
						2e —	»
						3e —	»
						4e —	»
						5e —	»
Vienne............	65,280,765	436,571	4	9	0 60 p. °°/₀	1re Classe.	»
						2e —	»
						3e —	»
						4e —	»
						5e —	1
Vienne (Haute).....	38,296,694	31,770	2	1/10	0 25 p. °°/₀	1re Classe.	»
						2e —	»
						3e —	»
						4e —	»
						5e —	»

NOMS des DÉPARTEMENTS	VALEURS ASSURABLES	SINISTRES éprouvés EN 20 ANS	NOMBRE des sinistres.	DANGERS proportionnels.	PRIMES MOYENNES	PRIMES par nature DE RÉCOLTES	
Vosges	73,713,201	»	»	»	0 20p. °°/°	1re Classe.	» 05
						2e —	» 10
						3e —	» 20
						4e —	» 30
						5e —	» 50
Yonne	69,010,875	3,330	2	1/10	0 25 p.°°/°	1re Classe.	» 10
						2e —	» 15
						3e —	» 25
						4e —	» 40
						5e —	» 80

Nota. Les départements où il n'y a pas eu d'événements de gelée sont classés à une prime extrêmement modérée (20 centimes par mille francs); mais pour conserver le rapport exact des primes dues par chaque département, tous les risques sont élevés, dans ce tarif, de 20 centimes. Je ne pense pas que ce renflement des centimes soit inutile pendant les premières années de la constitution de la Caisse d'assurances mutuelles.

Plus tard on pourra, sur cette branche comme sur les autres, réduire toutes les primes proportionnellement, s'il y a lieu, au taux exact des sinistres après que l'expérience en aura justifié l'opportunité; car il ne faut jamais perdre de vue qu'il est toujours plus heureux à avoir à diminuer un impôt qu'à être contraint à l'élever.

TARIF DES ÉPIZOOTIES

Les causes des épizooties proviennent des exhalaisons méphitiques de la terre, et du voisinage des marais, de la privation d'air, des grandes chaleurs, comme aussi des grands froids, qui agissent sur le sang et sur le système nerveux des animaux, de la mauvaise nourriture, et de la malpropreté des étables et de celle des cours où elles sont bâties.

Les épizooties peuvent être générales pour toute une contrée; elles sont le plus souvent locales.

Avec des précautions hygiéniques, et un peu plus de soin à donner de l'air aux étables, on diminuerait le chiffre des sinistres de cette branche de plus de 50 pour 100. Cette amélioration sera un des bienfaits apportés par les assurances par l'État.

En effet, par de bons conseils, les agents du gouvernement, employés aux assurances, exerceront de ce côté une très-grande influence sur les cultivateurs; ils les amèneront promptement, par la persuasion, à adopter tous les moyens préservatifs contre les épidémies.

Peu importe à une compagnie d'assurances ordinaires qu'il meurt plus ou moins de bestiaux; cette compagnie spéculera même sur ces morts pour provoquer de nouvelles assurances, et, en effet, quel intérêt pourrait-elle avoir à chercher à préserver le pays des contagions et des épidémies? Elles ne peuvent en avoir, leurs intérêts même s'y opposent, car où il n'y aurait plus de danger, il n'y aurait plus d'assurances.

Mais il n'en est pas ainsi pour un gouvernement : tout ce qui se rattache aux subsistances a, pour lui, un grand intérêt, et son attention est toujours fixée de ce côté; aussi, toutes les combinaisons de nature à faire diminuer ou augmenter la quantité des matières alimentaires du pays sont, pour lui, de grosses questions. Il ne sera donc pas indifférent à une combinaison qui, par son influence, sauverait tous les ans de la putréfaction quatre ou cinq millions de kilos de bonne viande.

Cette considération n'est certainement pas étrangère à la protection que Sa Majesté accorde à la fondation de la Caisse d'assurances mutuelles par l'État.

Le tarif des primes contre la mortalité des bestiaux doit être, pour les risques épidémiques, dressé par zones: les autres cas de mortalité sont assez uniformément répandus sur tout le territoire.

J'ai déjà dit que, pour ce tarif, je ne possédais pas assez de documents pour asseoir ma conviction sur le meilleur des modes de tarif à adopter, ni sur la différence qui existait entre la prime moyenne théorique et la prime moyenne pratique.

Je laisse donc ce soin aux personnes qui s'occuperont spécialement de cette branche de la Caisse d'assurances mutuelles.

Je me bornerai seulement :

1° A signaler que, pour cette branche d'assurances, l'homme peut avoir une action directe sur les causes et le nombre des pertes; qu'il sera sage de laisser l'assuré son propre assureur pour une fraction du prix des bestiaux assurés, établie de façon qu'il ait un intérêt constant assez puissant pour qu'il veille lui-même à la préservation et à la conservation de ses bestiaux assurés.

2° A donner ci-après pour les épizooties, ainsi que je l'ai fait pour la gelée, le danger proportionnel couru par chaque département. Je rappellerai que les chiffres en regard du nom du département indiquent l'importance proportionnelle du danger que ce département fait courir à la société.

NOTA. Pour ce fléau il n'y a pas d'exception : tous les départements ont été atteints, mais à des degrés très-différents.

TABLEAU COMPARATIF PROPORTIONNEL

DES RISQUES DE MORTALITÉ DES BESTIAUX

NOMS DES DÉPARTEMENTS	DEGRÉ du DANGER	NOMS DES DÉPARTEMENTS	DEGRÉ du DANGER
Ain	1	Loiret	485
Aisne	126	Lot	19
Allier	13	Lot-et-Garonne	3
Alpes (Basses)	55	Lozère	219
Alpes (Hautes)	17	Maine-et-Loire	239
Ardèche	31	Manche	322
Ardennes	80	Marne	251
Ariège	3	Marne (Haute)	36
Aube	104	Mayenne	31
Aude	11	Meurthe	67
Aveyron	320	Meuse	92
Bouches-du-Rhône	2/10	Morbihan	413
Calvados	31	Moselle	92
Cantal	221	Nièvre	118
Charente	60	Nord	18
Charente-Inférieure	40	Oise	59
Cher	18	Orne	38
Corrèze	83	Pas-de-Calais	12
Corse	28	Puy-de-Dôme	91
Côte-d'or	7	Pyrénées (Basses)	194
Côtes-du-Nord	8	Pyrénées (Hautes)	175
Creuse	76	Pyrénées-Orientales	1
Dordogne	226	Rhin (Bas)	6
Doubs	73	Rhin (Haut)	8
Drôme	3	Rhône	38
Eure	1	Saône (Haute)	39
Eure-et-Loir	237	Saône-et-Loire	29
Finistère	1	Sarthe	111
Gard	2	Seine	8
Garonne (Haute)	21	Seine-Inférieure	165
Gers	146	Seine-et-Marne	170
Gironde	8	Seine-et-Oise	70
Hérault	38	Sèvres (Deux)	138
Ille-et-Vilaine	23	Somme	41
Indre	28	Tarn	51
Indre-et-Loire	14	Tarn-et-Garonne	38
Isère	69	Var	1
Jura	31	Vaucluse	1/10
Landes	25	Vendée	132
Loir-et-Cher	157	Vienne	43
Loire	65	Vienne (Haute)	79
Loire (Haute)	189	Vosges	23
Loire-Inférieure	104	Yonne	1

Les chiffres ressortis sont calculés, de même que ceux de la gelée, sur l'importance des sinistres, combinés avec le nombre des événements survenus, sur chaque département en vingt années consécutives.

Tous sont ramenés à l'unité de risque et donnent *le rapport* exact du danger couru pour chaque département, comparativement aux autres.

Pour les épizooties, la part de chaque unité du rapport proportionnel départemental est de 500 francs.

En multipliant le rapport du danger par ce chiffre, on aura la somme moyenne de l'importance du sinistre que doit couvrir le montant des primes d'assurances de ce département.

On trouve ensuite la prime moyenne d'assurances d'un département, en divisant cette somme moyenne de sinistres avec les valeurs assurables de ce département, ainsi que j'en ai donné ci-dessus un exemple pour l'application du tarif de la gelée.

Le mode que je propose là est déjà très-suffisant pour asseoir un tarif de primes d'assurances dans de justes proportions, surtout pour la fondation d'une société mutuelle; mais, je le répète, avant d'adopter le tarif de cette branche de l'assurance il sera bon de consulter les résultats pratiques.

TARIF DES INONDATIONS.

Je pense que, dans cette branche d'assurances, l'on doit garantir le propriétaire non-seulement contre les inondations proprement dites, mais encore contre les trombes d'eau locales, bien que ces trombes n'aient pas occasionné d'inondations générales sur toute une contrée.

Je pense aussi que la société admettra à l'assurance les risques que courent sur les fleuves, rivières et canaux, tous les corps flottants, naviguants ou amarrés à poste fixe, et qui pourraient être détruits, corps et bien, par suite du débordement de ces cours d'eau, les sinistres des côtes de la mer exceptés, l'assurance n'ayant son effet qu'à l'intérieur.

Sur ces bases, la branche des assurances contre les inondations deviendra une institution grandiose entre les mains de l'État.

C'est en vue d'une organisation faite sur ces bases que j'ai fait mon travail, et que j'ai trouvé mon chiffre assurable de 37 milliards.

Je dois dire que l'organisation de cette branche sur les bases que j'indique, et son application, ne seront pas plus difficiles à mettre en pratique que celle des autres branches admises dans la Société, ni que les opérations faites journellement par les compagnies contre l'incendie et les risques maritimes.

Voici quelques données statistiques que j'avais recueillies dans la prévision de la réalisation des assurances par l'État, qui était mon idée fixe depuis longtemps, ainsi que j'en ai justifié dans la première partie de cette brochure. Je les publie aujourd'hui dans l'intérêt général, sentant que le moment est venu de les livrer à la méditation de tous pour faciliter les vastes idées d'améliorations générales dont ne cesse de se préoccuper le grand génie qui nous gouverne.

Les sinistres, dont le chiffre a été relevé par moi dans les archives de l'État, est, en moyenne, ainsi que je l'ai dit plus haut, de 15 millions par an.

Ce chiffre comprend les récoltes ravagées, et aussi les pertes occasionnées aux fonds de terres, aux constructions, aux matériels des usines, aux bestiaux, etc., etc. Mais les archives de l'État ne donnant pas séparément les sinistres de la navigation intérieure, ni le chiffre des valeurs fluviales et commerciales qui peuvent être assurées, j'ai dû faire des recherches en dehors des archives, et j'ai recueilli le renseignement que voici :

DE LA NAVIGATION FLUVIALE :

Haute Seine.

550 bateaux font en moyenne deux fois par an le service de la haute Seine, soit 1,100 bateaux (1).

Ces bateaux valent, en moyenne, 3,000 fr., ci	3,300,000 fr.
Ils transportent : en fer, vins, charbons et autres pour	19,900,000
Sur la haute Seine, il y a encore 1,200 toues en moyenne, qui font un voyage par an ; ces toues se vendent à Paris sur le pied de 200 à 300 fr.	300,000
Leur chargement est en moyenne de 2,700 fr., soit pour les 1,200	3,240,000
Total	26,740,000

(1) Les assurances fluviales ne se font pas à l'année ; elles ne s'opèrent que pour un voyage ou un parcours.

Les sinistres portent sur 6 bateaux, en moyenne ils s'élèvent à 69,700 fr., soit 2 fr. 61 c. pour 1,000 fr. sur les valeurs assurables qui sont de 26,740,000 fr.

Basse Seine.

La navigation de la basse Seine est plus importante : elle s'élève en moyenne à.................... 69,000,000 fr.

Les sinistres sont en moyenne de 138,000, soit de 20 cent. pour 100 fr.

La Marne et ses affluents.

120 bateaux font le service deux fois par an, soit sur 240 bateaux à 2,500 fr. en moyenne....... 600,000 fr.

Ils transportent en vins, bois, pierres, charbons, briques, etc.,

Savoir :	en vins pour une valeur de......	6,500,000
	autres divers.................	1,400,000
	Total.......	8,500,000

Les sinistres sur cette ligne portent en moyenne sur 5 bateaux ; ils sont de 160 à 170 mille francs, soit environ 2 0/0 sur 8,500,000 fr., moins le sauvetage.

La Loire et ses affluents.

Les valeurs assurables sur la Loire sont environ de 92,000,000 fr. Les sinistres sont de 920,000 fr., soit 1 0/0 moins le sauvetage.

L'Yonne et ses affluents.

350 bateaux font ce service deux fois par an, soit 700 bateaux au prix moyen de 3,500 fr......... 2,450,000 fr.

Ils transportent en vins pour............	11,500,000
En autres marchandises pour environ.....	900,000
Total.......	14,850,000

Les sinistres portent sur 20 bateaux en moyenne; ils sont environ de 435,500 fr., moins le sauvetage, soit 3 0/0 sur 14,850,000 fr.

La Gironde et ses affluents.

Les valeurs assurables sur la Gironde sont environ de 115,000,000 fr. Les sinistres sont en moyenne environ de 1,437,500 fr., soit 1 fr. 25 0/0 sur 115 millions.

Le Rhône et ses affluents.

Les valeurs assurables du Rhône pour le risque de navigation sont de.......................... 89,000,000 fr.

Les sinistres sont environ de 895,000, soit environ de 1 0/0 sur les 89 millions assurables.

Canaux divers.

. . . .

Total général des valeurs assurables pour la navigation intérieure............................ 415,190,000 fr.

La totalité des sinistres est de........... 4,067,700

Soit environ 1 0/0 sur la totalité des valeurs assurables.

Le chiffre officiel des pertes occasionnées par les inondations, sur chaque département, pendant vingt années consécutives, et le nombre de ces inondations pendant ce même laps de temps, établissent entre tous les départements la moyenne proportionnelle des dangers qu'ils courent ainsi qu'il suit :

TABLEAU COMPARATIF PROPORTIONNEL

DES RISQUES D'INONDATION

NOMS DES DÉPARTEMENTS	DEGRÉ du DANGER
Ain	9
Aisne	33
Allier	274
Alpes (Basses)	660
Alpes (Hautes)	665
Ardèche	1424
Ardennes	20
Ariège	650
Aube	22
Aude	1390
Aveyron	225
Bouches-du-Rhône	724
Calvados	4
Cantal	63
Charente	7
Charente Inférieure	33
Cher	181
Corrèze	206
Corse	25
Côte-d'or	106
Côtes-du-Nord	3
Creuse	138
Dordogne	304
Doubs	26
Drôme	904
Eure	39
Eure-et-Loir	48
Finistère	1/10
Gard	3357
Garonne (Haute)	552
Gers	146
Gironde	383
Hérault	1426
Ille-et-Vilaine	15
Indre	122
Indre-et-Loire	165
Isère	1321
Jura	144
Landes	271
Loir-et-Cher	67
Loire	1206
Loire (Haute)	800
Loire-Inférieure	109
Loiret	531
Lot	300
Lot-et-Garonne	1189
Lozère	520
Maine-et-Loire	171
Manche	36
Marne	43
Marne (Haute)	6
Mayenne	1
Meurthe	4
Meuse	35
Morbihan	44
Moselle	106
Nièvre	306
Nord	98
Oise	4
Orne	231
Pas-de-Calais	58
Puy-de-Dôme	984
Pyrénées (Basses)	35
Pyrénées (Hautes)	162
Pyrénées-Orientales	778
Rhin (Bas)	269
Rhin (Haut)	120
Rhône	106
Saône (Haute)	17
Saône-et-Loire	504
Sarthe	51
Seine	5
Seine-Inférieure	166
Seine-et-Marne	18
Seine-et-Oise	20
Sèvres (Deux)	2/10
Somme	40
Tarn	216
Tarn-et-Garonne	390
Var	197
Vaucluse	1354
Vendée	2
Vienne	9
Vienne (Haute)	43
Vosges	48
Yonne	5

Cette moyenne de risque départemental se subdivise ensuite sur une multitude de risques différents :

Soit en raison de la nature et de l'importance du courant des fleuves et rivières, de l'élévation de leurs berges et de la nature du terrain ; soit encore en raison de la nature des constructions bâties sur leurs parcours, et de leur position plus ou moins dangereuse ; soit en raison des marchandises et de leur nature plus ou moins destructible ou avariable, aggravées par le voisinage des eaux auprès desquelles ou sur lesquelles elles sont placées, etc., etc.

Pour la navigation, mon tarif des primes se divise en six classes principales *de natures* portant chacune quatre degrés de risque, et, de plus, en sept degrés de risque de *situation*, suivant la même graduation que le risque des cours d'eau sur lesquels ils sont placés.

Les marchandises sont classées sur ces divers degrés de risque, en raison de leur nature et de leur susceptibilité plus ou moins grande à être détruites ou plus ou moins altérées par suite de l'immersion.

Je ne publie pas les tableaux de ce tarif,

qui énumèrent toutes les marchandises exposées ainsi que tous les degrés de risques. Il divise les corps de navire en trois catégories : la première, comprenant les navires marchant au halage; la deuxième, ceux marchant à la vapeur, et la troisième, ceux à voile ; les catégories sont, en outre, subdivisées, pour leur degré d'avarie, en quatre classes.

Je tiens tous ces documents à la disposition de la commission ou du maître des requêtes chargé de faire un rapport au Conseil d'État sur ces importantes questions.

OBSERVATIONS GÉNÉRALES.

Si une bonne répartition des charges sociales mutuelles, entre tous les risques, est une des questions fondamentales dans l'organisation d'une société d'assurances, le choix du personnel employé aux expertises de sinistres survenus, et le mode pratiqué pour les régler, ne laissent pas que dej ouer un grand rôle dans les balances de compte de fin d'année.

C'est sur la première des opérations que reposent les recettes et les valeurs actives de la société.

C'est en raison du chiffre résultant de la seconde que l'on dresse les charges sociales, que l'on fait la balance des comptes et que l'on liquide le passif.

Il est bien facile à un expert, lors de l'évaluation d'un sinistre, s'il n'est pas suffisamment au fait de ces sortes d'opération, de se trouver avoir été généreux, sans le vouloir, de plusieurs centaines de francs dans chaque évaluation de sinistre, et, par suite du grand nombre de sinistres survenus dans une année, de grever les charges à solder de plusieurs millions chaque année.

Il faut donc qu'un expert, chargé d'aller évaluer un sinistre, soit bien pénétré du mode à suivre et des précautions à prendre, pour éviter de se laisser entraîner par les influences locales.

Il faut surtout qu'il n'oublie jamais qu'en mutualité un sinistre ne doit jamais être une cause de bénéfices pour l'assuré, mais aussi que la Compagnie, de son côté, en l'indemnisant, doit le placer dans la même position qu'il aurait eue s'il n'eût pas été sinistré.

Avec les moyens pratiques que j'ai créés et expérimentés, on arrive à une appréciation presque mathématique de la perte éprouvée. Je ne parle là que des sinistres de la grêle.

Les appréciations des sinistres provenant des épizooties ne présentent pas de grandes difficultés, ni celles des inondations et des risques fluviaux.

Les expertises des sinistres des gelées, au contraire, seront difficiles à faire; on ne pourra les effectuer qu'après la formation des fruits, ou même, le plus souvent, au moment de l'enlèvement des récoltes, et, à moins de destructions totales, on ne pourra estimer la perte qu'en comparant les résultats du rendement de cette récolte avec le chiffre assuré ; c'est alors aussi que, dans ce cas, l'assurance de la gelée se trouvera être grevée de toutes les autres causes de destruction ou de diminution dans la valeur de la chose assurée.

Ce résultat pourra être très-heureux assurément pour le propriétaire et pour le cultivateur ; mais le chiffre des pertes en sera singulièrement augmenté.

J'ai déjà dit que mon opinion serait que cette branche ne fût considérée dans sa constitution que comme *une caisse de secours mutuels* et non comme *une assurance;* elle n'en rendra pas moins, à ce titre, tous les services possibles à l'agriculture, car ses ressources pourront permettre souvent de donner des indemnités complètes; mais au moins, quand elle en sera empêchée une année par le grand nombre des pertes survenues, personne ne sera trompé dans ses espérances, et chacun se contentera du dividende qui lui reviendra.

Quels que soient les employés que l'État chargera de recevoir les déclarations d'assurances, il serait nécessaire, dans l'intérêt commun, qu'ils aient une rémunération suffisante pour leurs peines, soins et déboursés, même lorsque tout leur temps ne serait pas absorbé par les affaires de la société, et, à plus forte raison, lorsque ces employés seront forcés de tenir bureaux ouverts toute l'année pour répondre à tout le service de la localité.

Les agents des finances, qui vont être aussi seuls chargés des recouvrements, ne sont pas non plus dans l'usage d'encaisser gratis les fonds de l'État.

Par tous ces motifs, je crois qu'il serait utile de taxer à 1 fr., par exemple, l'expédition remise à l'assuré pour lui servir de titre d'assurance, et cette taxe serait payée immédiatement à l'employé qui aurait fait l'assurance.

Comme aussi il serait bon d'augmenter le montant de chaque quittance de primes d'assurances de 3 ou 4 p. 100 sur les sommes à recouvrer. Si l'encaissement de ces 3 ou 4 p. 100 dépassait un jour, dans les mains de l'État, le montant des frais d'administration, le surplus serait versé dans le fonds de réserve de la branche dont il proviendrait, et chaque assuré en bénéficierait de cette façon-là.

La somme de 1 fr. que je voudrais voir donner à l'expéditeur du titre à remettre à l'assuré, produirait un chiffre considérable, si on en faisait l'énumération en bloc sur l'ensemble des titres à faire ; mais que l'on ne perde pas de vue que le produit de ce franc *s'absorbera dans chaque commune* par le ou les employés de cette même commune ; que dans beaucoup de ces communes la *totalité des assurances à faire* ne nécessitera pas plus de 100 à 150 titres dans chaque branche. Et en supposant encore que ces branches y soient toutes représentées, ce serait donc 400 ou 600 fr. que cet employé toucherait pour sa peine et ses écritures.

Mais d'une autre part cet employé ne fera pas dans une seule année toutes les assurances de sa commune ; il mettra donc au moins, en supposant que tout aille au mieux, deux ou trois ans pour recueillir ces assurances, et alors ses remises se réduiront à 100 ou à 150 fr. par an ; plus tard, les renouvellements des assurances, les mutations de propriété ou de jouissance de propriété, motivant de nouveaux titres, alimenteront ces remises qui ne sortiront néanmoins jamais de ces minimes proportions ; car, si la commune est plus considérable, il y aura nécessairement plusieurs employés. Ainsi, dans tous les cas, les choses resteront dans une sage limite, mais les affaires se feront mieux, avec plus de régularité, et, de plus, cette prime minime ne se renouvelant pas pour le même assuré, pendant tout le temps de la durée de son assurance, elle devient insensible pour lui, et, en outre, la régularité du service se faisant mieux, tout le monde sera satisfait.

RÉSUMÉ GÉNÉRAL.

Les sociétés d'assurances, créées contre les fléaux de la nature, n'ont pas réussi parce qu'elles ont été restreintes dans de trop petites étendues territoriales, et aussi parce qu'elles ont été fondées avec des tarifs de primes mal pondérés et en même temps insuffisants pour solder les sinistres.

Les assurances par l'État seront accueillies avec enthousiasme par les cultivateurs, c'est incontestable. Elles produiront un chiffre énorme d'assurances en très-peu de temps.

Mais cet élan pourrait être promptement arrêté si l'une et, à plus forte raison, plusieurs de ces branches d'assurances éprouvaient un échec, c'est-à-dire si, une année, les primes encaissées ne permettaient pas le payement intégral des sinistres.

Pour prévenir un échec semblable, il faut,

avant toute chose, dans une société d'assurances mutuelles, que le tarif des primes à payer soit suffisamment élevé pour couvrir tous les sinistres que l'on se propose de garantir par l'assurance.

Il faut encore que chacun des degrés de ce tarif soit en rapport exact avec le danger que ces mêmes degrés représentent comparativement à la masse des risques.

Il est utile que j'ajoute ici que l'État ne doit pas chercher à se préoccuper de l'élévation d'un tarif d'assurances. Il ne doit envisager que : 1° s'il est suffisant pour solder les sinistres, et 2° s'il est bien pondéré entre tous les dangers courus (je ne parle que pour les sociétés basées sur la mutualité).

En effet, une prime ou cotisation d'assurance mutuelle sera toujours bien accueillie par l'assuré, quel que soit son taux, si, d'une part, cet assuré sait qu'il peut compter sur une indemnité complète en cas de sinistre et si, de l'autre, cette prime est en rapport du danger réel que l'assuré, par son assurance, fait courir à la société.

Je signalerai également ici que les primes élevées dans mes tarifs ne portent que sur des exceptions minimes, savoir : sur 3 ou 4 communes dans la branche grêle; 2 ou 3 contrées dans celle de la gelée, et quelques départements pour les inondations et les épizooties; et que ces fléaux prélèvent sur quelques-unes de ces contrées un *impôt forcé* de près de 30 p. 0/0 sur la valeur des récoltes et celle des bestiaux qui s'y trouvent exposés.

Certes, il n'est pas un seul des cultivateurs de ces contrées, *s'il y en a de sérieux*, qui refusera de payer tous les ans 10, 12 ou 15 p. 0/0 de primes d'assurances à l'État, du moment qu'il sera assuré, au moyen de cette prime, d'avoir un revenu moyen de 85, 88 ou de 90 p. 0/0 des cultures qu'il entreprendra ou des bestiaux qu'il élèvera sur ces malheureuses localités, aujourd'hui en quelque sorte abandonnées.

Ainsi, tous les lecteurs comprendront maintenant que les primes élevées *en mutualité* n'ont rien d'effrayant lorsqu'elles sont justement pondérées, mais qu'elles ont aussi l'avantage d'alléger les primes des risques les moins dangereux, c'est-à-dire d'attirer dans l'association des assurances qui produisent beaucoup par leur grand nombre et coûtent peu à la société parce qu'elles sont rarement sinistrées.

Au sujet des assurances contre la gelée, j'insisterai pour que l'État, en dehors de la question des tarifs, prenant en considération qu'un grand nombre de causes de destruction pouvant être mises sur le compte de la gelée, n'autorisât cette branche que comme une caisse *de secours mutuels*. D'un autre côté, je ne voudrais pas que cette branche d'assurance fût détachée des autres pour être rejetée ; je la crois au contraire, même avec ses dangers, extrêmement utile comme encouragement à donner aux capitaux pour les amener à faire de grandes avances à l'agriculture.

En un mot, je ne voudrais voir admettre cette branche d'assurance avec les autres qu'à *l'état d'étude pratique*, tout en lui laissant produire déjà tout le bien possible, comme une assurance mutuelle ordinaire, mais faite sans frais et sur la plus vaste étendue possible, c'est-à-dire dans les meilleures conditions.

A part ces diverses mesures de sagesse

que j'ai indiquées dans cet ouvrage et que j'engage le gouvernement à prendre en très-haute considération, je ne vois rien qui soit de nature à entraver et à empêcher l'entière réussite *des assurances mutuelles créées par l'État,* CONTRE LES FLÉAUX *de la nature.*

Je suis arrivé à la fin de cette brochure, mais je ne veux pas la clore sans prier les personnes qui la liront d'avoir de l'indulgence pour son auteur.

Je les prie de n'y chercher à trouver que ma pensée d'être utile à la création des assurances par l'État; trop heureux si mon travail peut contribuer en quoi que ce soit à l'établissement et à la prospérité de cette institution, que j'ai continuellement sollicité depuis plus de douze ans et pour les études préparatoires de laquelle j'ai sacrifié temps et fortune.

FIN.

Imp. Renou et Maulde.

TABLE DES MATIÈRES

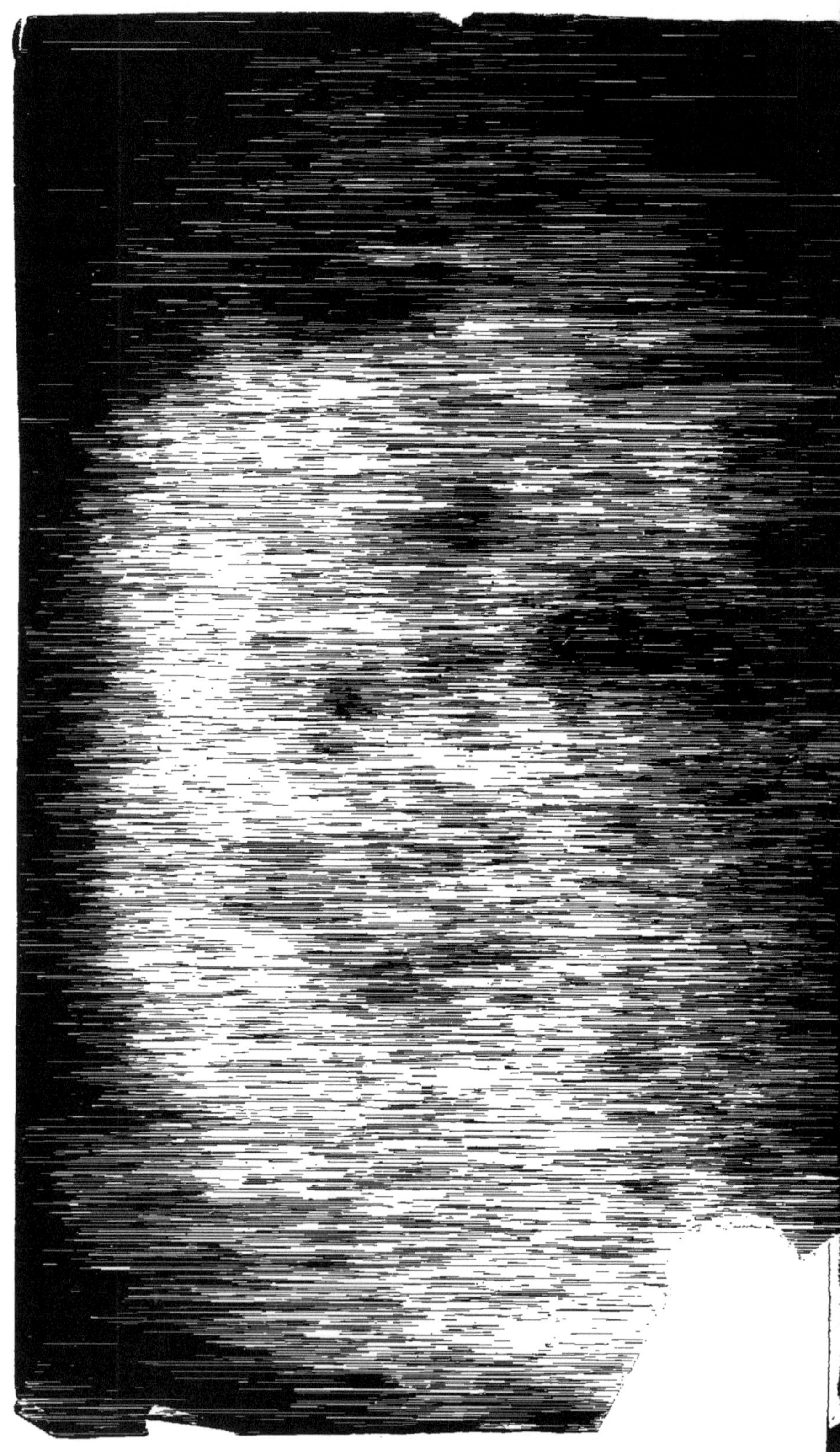

www.ingramcontent.com/pod-product-compliance
Ingram Content Group UK Ltd.
Pitfield, Milton Keynes, MK11 3LW, UK
UKHW021052200726
13857UKWH00003B/901